国家出版基金项目
NATIONAL PUBLICATION FOUNDATION

U0204407

社区保护的脉络

Community-based Conservation from Case Perspective

自然生态保护

倪玖斌 编著

北京大学出版社
PEKING UNIVERSITY PRESS

图书在版编目(CIP)数据

社区保护的脉络/倪玖斌编著. —北京:北京大学出版社,2014.12
(自然生态保护)
ISBN 978-7-301-25128-7

Ⅰ.①社… Ⅱ.①倪… Ⅲ.①社区－环境保护－研究－中国 Ⅳ.①X321.2

中国版本图书馆 CIP 数据核字(2014)第 272128 号

书　　　　名:社区保护的脉络
著作责任者:倪玖斌　编著
责 任 编 辑:黄　炜
标 准 书 号:ISBN 978-7-301-25128-7/X・0071
出 版 发 行:北京大学出版社
地　　　　址:北京市海淀区成府路 205 号　100871
网　　　　址:http://www.pup.cn　　新浪官方微博:@北京大学出版社
电 子 信 箱:zpup@pup.cn
电　　　　话:邮购部 62752015　发行部 62750672　编辑部 62752038　出版部 62754962
印　　刷　者:北京宏伟双华印刷有限公司
经　销　者:新华书店
　　　　　　720 毫米×1020 毫米　16 开本　12.25 印张　230 千字
　　　　　　2014 年 12 月第 1 版　2014 年 12 月第 1 次印刷
定　　　　价:28.00 元

"山水自然丛书"第一辑

"自然生态保护"编委会

顾　问　许智宏

主　编　吕　植

编　委　(以姓氏拼音为序)

陈耀华　李　晟　李晟之　马　剑　苏彦捷　孙　姗

唐才富　王大军　杨方义　姚锦仙　张树学　张小全

赵　昂　赵纳勋　朱小健

序一

在人类文明的历史长河中，人类与自然在相当长的时期内一直保持着和谐相处的关系，懂得有节制地从自然界获取资源，"竭泽而渔，岂不获得？而明年无鱼；焚薮而田，岂不获得？而明年无兽。"说的也是这个道理。但自工业文明以来，随着科学技术的发展，人类在满足自己无节制的需要的同时，对自然的影响也越来越大，副作用亦日益明显：热带雨林大量消失，生物多样性锐减，臭氧层遭到破坏，极端恶劣天气开始频繁出现……印度圣雄甘地曾说过，"地球所提供的足以满足每个人的需要，但不足以填满每个人的欲望"。在这个人类已生存数百万年的地球上，人类还能生存多长时间，很大程度上取决于人类自身的行为。人类只有一个地球，与自然的和谐相处是人类能够在地球上持续繁衍下去的唯一途径。

在我国近几十年的现代化建设进程中，国力得到了增强，社会财富得到大量的积累，人民的生活水平得到了极大的提高，但同时也出现了严重的生态问题，水土流失严重、土地荒漠化、草场退化、森林减少、水资源短缺、生物多样性减少、环境污染已成为影响健康和生活的重要因素等等。要让我国现代化建设走上可持续发展之路，必须建立现代意义上的自然观，建立人与自然和谐相处、协调发展的生态关系。党和政府已充分意识到这一点，在党的十七大上，第一次将生态文明建设作为一项战略任务明确地提了出来；在党的十八大报告中，首次对生态文明进行单篇论述，提出建设生态文明，是关系人民福祉、关乎民族未来的长远大计。必须树立尊重自然、顺应自然、保护自然的生态文明理念，把生态文明建设放在突出地位，以实现中华民族的永续发展。

国家出版基金支持的"自然生态保护"出版项目也顺应了这一时代潮流，充分体现了科学界和出版界高度的社会责任感和使命感。他们通过自己的努力献给广大读者这样一套优秀的科学作品,介绍了大量生态保护的成果和经验,展现了科学工作者常年在野外艰苦努力,与国内外各行业专家联合,在保护我国环境和生物多样性方面所做的大量卓有成效的工作。当这套饱含他们辛勤劳动成果的丛书即将面世之际,非常高兴能为此丛书作序,期望以这套丛书为起始,能引导社会各界更加关心环境问题,关心生物多样性的保护,关心生态文明的建设,也期望能有更多的生态保护的成果问世,并通过大家共同的努力,"给子孙后代留下天蓝、地绿、水净的美好家园。"

2013 年 8 月于燕园

序二

. . . .

　　1985年，因为一个偶然的机遇，我加入了自然保护的行列，和我的研究生导师潘文石老师一起到秦岭南坡（当时为长青林业局的辖区）进行熊猫自然历史的研究，探讨从历史到现在，秦岭的人类活动与大熊猫的生存之间的关系，以及人与熊猫共存的可能。在之后的30多年间，我国的社会和经济经历了突飞猛进的变化，其中最令人瞩目的是经济的持续高速增长和人民生活水平的迅速提高，中国已经成为世界第二大经济实体。然而，发展令自然和我们生存的环境付出了惨重的代价：空气、水、土壤遭受污染，野生生物因家园丧失而绝灭。对此，我亦有亲身的经历：进入90年代以后，木材市场的开放令采伐进入了无序状态，长青林区成片的森林被剃了光头，林下的竹林也被一并砍除，熊猫的生存环境遭到极度破坏。作为和熊猫共同生活了多年的研究者，我们无法对此视而不见。潘老师和研究团队四处呼吁，最终得到了国家领导人和政府部门的支持。长青的采伐停止了，林业局经过转产，于1994年建立了长青自然保护区，熊猫得到了保护。

　　然而，拯救大熊猫，留住正在消失的自然，不可能都用这样的方式，我们必须要有更加系统的解决方案。令人欣慰的是，在过去的30年中，公众和政府环境问题的意识日益增强，关乎自然保护的研究、实践、政策和投资都在逐年增加，越来越多的对自然充满热忱、志同道合的人们陆续加入到保护的队伍中来，国内外的专家、学者和行动者开始协作，致力于中国的生物多样性的保护。

　　我们的工作也从保护单一物种熊猫扩展到了保护雪豹、西藏棕熊、普氏原羚，以及西南山地和青藏高原的生态系统，从生态学研究，扩展到了科学与社会经济以及文化传统的交叉，及至对实践和有效保护模式的探索。而在长青，昔日的采伐迹地如今已经变得郁郁葱葱，山林恢复了生机，熊猫、朱鹮、金丝猴和羚牛自由徜徉，那里又变成了野性的天堂。

　　然而,局部的改善并没有扭转人类发展与自然保护之间的根本冲突。华南虎、白暨豚已经趋于灭绝;长江淡水生态系统、内蒙古草原、青藏高原冰川……一个又一个生态系统告急,生态危机直接威胁到了人们生存的安全,生存还是毁灭? 已不是妄言。

　　人类需要正视我们自己的行为后果,并且拿出有效的保护方案和行动,这不仅需要科学研究作为依据,而且需要在地的实践来验证。要做到这一点,不仅需要多学科学者的合作,以及科学家和实践者、政府与民间的共同努力,也需要借鉴其他国家的得失,这对后发展的中国尤为重要。我们急需成功而有效的保护经验。

　　这套"自然生态保护"系列图书就是基于这样的需求出炉的。在这套书中,我们邀请了身边在一线工作的研究者和实践者们展示过去 30 多年间各自在自然保护领域中值得介绍的实践案例和研究工作,从中窥见我国自然保护的成就和存在的问题,以供热爱自然和从事保护自然的各界人士借鉴。这套图书不仅得到国家出版基金的鼎力支持,而且还是"十二五"国家重点图书出版规划项目——"山水自然丛书"的重要组成部分。我们希望这套书所讲述的实例能反映出我们这些年所做出的努力,也希望它能激发更多人对自然保护的兴趣,鼓励他们投入到保护的事业中来。

　　我们仍然在探索的道路上行进。自然保护不仅仅是几个科学家和保护从业者的责任,保护目标的实现要靠全社会的努力参与,从最草根的乡村到城市青年和科技工作者,从社会精英阶层到拥有决策权的人,我们每个人的生存都须臾不可离开自然的给予,因而保护也就成为每个人的义务。

　　留住美好自然,让我们一起努力!

吕植

2013 年 8 月

自序

· ·

一直担心自己是否能将社区保护说清楚。即使在网页上搜索,也会发现社区保护这个词还没有真正地进入公众的视野,相关的信息不多。因此,笔者重新梳理了写作的目的,并将书名改为《社区保护的脉络》,希望能够从社区保护的点点滴滴中一探究竟,并将其形成各种形式的案例展示出来,给公众呈现一个不那么系统却又枝繁叶茂的社区保护,因为社区保护在当今社会的保护价值观中弥足珍贵。

之所以说"不那么系统",是因为书中汇总了有关社区保护的理念、实践、故事、反思、经验和建议。但笔者相信它是有脉络可循的,上述六个方面只是从不同的角度去理解社区保护,而社区保护涉及的土地权属、生态保护、农村社区发展、农村社区精英和乡村治理却是永远不变的话题,值得细细品味和深入探讨。

本书所阐述的社区保护是基于作者在山水自然保护中心工作和研究的总结。感谢北京大学吕植教授和北京大学出版社黄炜老师的大力支持和指导,感谢山水自然保护中心原执行主任孙姗的推荐和指导,感谢四川省社会科学院李晟之副研究员对本书的关心并提出诸多宝贵意见。感谢山水自然保护中心全体成员的宝贵建议,是大家的智慧让这本书更有价值。感谢关键生态系统合作基金(CEPF)对本书写作的支持。

本书内容难免受作者知识、经验所限,不妥之处,欢迎广大读者批评指正。

倪玖斌

2014 年 4 月于成都

目　录

前言

在我国西南部，包括四川、青海、云南在内的横断山区和青藏高原地区，孕育着丰富的生物多样性，是大熊猫、金丝猴、雪豹、藏羚羊等众多珍稀野生动物的家园。然而，生态环境日益恶化给这些本就数量稀少的野生动物雪上加霜。尽管这些野生动物为很多群众耳熟能详，却难觅其踪迹，仅在动物园能够一窥其容。而野生动物与现实中人工繁育或驯养动物却有着本质的差别，严格地说，动物园的珍稀动物已不再是生态环境中生物链上的一部分。

我国珍稀物种的生存正在遭受严峻挑战。一方面合法或非法的打猎、砍伐、开矿等开发活动不断侵占和破坏这些珍稀物种的栖息地；另一方面，近年来，气候变化对它们赖以生存的生态环境造成的影响愈演愈烈，使其受到极端气候、雪灾、冰灾、山洪、泥石流等轮番侵袭。我们都明白，当这个星球上每分钟都有物种在消失时，人类最终也难逃宿命。有人说，破坏生态环境是人类在自掘坟墓，虽然语气过重，却也不无道理，更不是危言耸听。

在我国这些生物多样性丰富而又脆弱的地区，生存着很多传统的农村社区。这些社区长期靠山吃山、靠水吃水，人与自然和谐相处。用现在的城市价值观来看这些社区是山中别墅，只有雾、没有霾，只有清脆的鸟叫声和山间的泉水声，没有汽车的轰鸣声和工厂的嘈杂声。简直是一幅世外桃源的景象。随着外部市场经济的侵入，伴随着乱砍滥伐、非法野生动物贸易，很多农村社区原有的平衡被打破，村民对大自然的索取也开始不计代价，慢慢地，"世外桃源"越来越少。生态环境的保护刻不容缓。然而，由于生态系统的复杂性，生态环境保护是一个比城市环境治理更为艰难的议题。当我们发现有一些贫困、偏远的农村社区仍然在坚守着周边的自然环境、自发地保护野生动植物时，不禁让人心生敬意，希望能够尽绵薄之力给予他们更多的力量守护自己的家园。这些生存在社区的、原生态的保护力量正是本书的主角。

　　生态环境保护中也存在着这样一个悖论：面对生态破坏、环境污染，每个人都可以义愤填膺，而个人面对这些状况时又存在很多现实问题，跟大自然说完"对不起"，依然做着有损大自然的事情。在冯小刚的电影《私人订制》的结尾有这样一个场景，杨重（葛优饰）面对采访，当他被问到如果有 100 万、1000 万、1 亿、10 亿元是否愿意捐给那些需要帮助人时，他都回答"愿意"。但当问到如果有一辆汽车他是否愿意捐出时，他却说"不行"，因为"我真有一辆汽车"。

　　保护生态环境是每个人津津乐道的公共话题，尤其在环境问题与如今城市生活、主流媒体、政商学界联系更紧密时，雾霾、水污染、食品安全等问题变得每个人都不能回避时。但是，像杨重那样，让私人付出的时候面临着诸多障碍，这里当然存在道德层面的问题，但从社会角度来看，更多的是责任、权利和义务，甚至涉及社会公平正义。

　　诚然，这个社会需要多元化的保护力量，而本书所论述的是那些与自然环境和资源有着天然和直接联系的农村社区。这些农村社区从事的保护工作正在贡献于我国长江中上游地区的生态环境，社区保护正在成为一股有效的保护力量涌现出来。

脉络篇

走进社区保护

脉络一　社区保护初探

"社区"和"保护"的概念澄清

"社区"是社会学名词,最早来源于拉丁语,意思是共同的东西和亲密的伙伴关系。1887 年德国社会学家斐迪南·滕尼斯①的一部著作《社区与社会》(*Community and Society*)问世。20 世纪 30 年代初,中国著名社会学奠基人费孝通②先生在翻译这本著作时,将"Community"一词翻译为"社区",自此,"社区"这个词在中国社会学领域诸多学者逐渐开始引用,到现在已经成为人们十分熟悉的名词;甚至在网络上,"社区"一词已经有别于现实意义的社区,成为一个虚拟的公共领域和(或)共同体的代名词。

"保护"一词用途十分广泛。在生态学领域,保护是处理和应对生物多样性危机的一类手段和方法的统称,它的目的是为了阻止生物多样性丧失和生物群落的破坏。"保护"的含义较为广泛,涉及的学科也十分综合,在不同的问题上需要具体加以区分,例如,人身和财产权益的保护、动植物的保护、文化的保护等等。

由于社区保护并不是现代公众社会的主流词汇,因此,一说到社区保护,就有必要澄清一些基本概念。本书并不试图用严格的学术定义来解释,而是通过一些常识性的概念去理解社区保护。在生态保护领域,对"社区"和"保护"这两个词分别理解一般没有太多异议。这里的"保护"有别于经常谈到的城市环境保护,本书

---

① 斐迪南·滕尼斯(Ferdinand Tennies,1855—1936 年)社会学形成时期的著名社会学家,德国的现代社会学的缔造者之一,他的成名作《社区与社会》对社会学界产生了深远的影响。

② 费孝通(1910—2005),汉族,江苏吴江(今苏州市吴江区)人。著名社会学家、人类学家、民族学家、社会活动家,中国社会学和人类学的奠基人之一,第七、八届全国人民代表大会常务委员会副委员长,中国人民政治协商会议第六届全国委员会副主席。

中的保护泛指生态保护,即是指针对自然环境、生物多样性、生态系统、野生动植物以及自然资源等的保护,例如,一块山林、一片草原。而社区一般指的是处在那些生物多样丰富区域的社区(往往是农村社区),而并非城市社区,这些地区的生态保护价值较高。

社区保护传统村落的形成

生物多样性富集区域的农村社区往往有很多中国传统农村形成的特点:首先,祖祖辈辈生活在那里,即所谓的"原住民",依靠当地的自然资源生存,在市场经济还未触及的时期自给自足。其次,这些"原住民"形成自然村落(非行政意义的村落),因血缘、亲缘建立起了"网状"的传统大家族体系。接着,伴随着地缘、人缘关系逐渐稳固,传统文化、习俗逐渐形成,并在长期生存中积累了适合当地生产生活的传统知识。在此基础上,这个传统的自然村落不断发展壮大。

诚然,真正的中国农村社区不是严格地像上述那样一步一步成长起来的,而是人缘、地缘、传统知识文化交织产生的,如果再加上与外界的交流、行政体制因素,社区成长更是一个十分复杂的过程(其实,这样的过程在中国四川、贵州、云南等山区和丘陵地区,即在生物多样性富集的区域更为典型)。关于自然村的定义是比较明确的。通常来讲,村是一个包括农业生产资源、以农业(包括林业、牧业、渔业)为主要生产方式的人口居住群落,而自然村则是由这些村民经过长时间聚居而自然形成的村落。自然村和行政村在区域范围上有可能重合,也可能不重合。上述中国传统农村的特点:地缘关系、人缘关系、传统知识和文化构成了社区保护的最重要的三大要素。这三大要素对于农村社区而言是根深蒂固的,根植于农村的生产、生活中。

正是这些要素,使得社区保护作为一种社会现象才有可能发生。如果从这三个要素来讲社区保护传统村落的形成,虽然片面,但却能够说明社区保护形成的一些关键问题。首先,地缘关系常常被用来分析政治、经济等问题,其实,农村社区仍然会因地域不同而产生分化,如青藏高原的区域的草原生态系统,牧民与草地、牦牛、野生动植物共生。就山区农村的山地及森林生态系统而言,各山林及其中的野生动植物共生有着各自的区域特点。而如果与城市周边的农村社区相比,无论生态系统,还是区位优劣势又大相径庭,地缘关系很难发生改变。其次,人缘关系体现了不同的社会结构。在不同特定区域、自然条件下,人与人之间的关系也会相应地进行调整,形成可以积累的社会资本,在中国农村家族观念、互助意识不同程度地存在着,这些稍具意识形态化的社会资本,除了自然条件限制作为大背景以外,更多的是社区中不同的力量交织产生的一种社会关系。例如,家族中的长老、行政体系下的村干部、生产能手、经营大户等一些社区基层的力量,产生了不同的组织关系和利益格局,这其中承载着社区社会结构及社会资本的本质内容。最后,传统知识和文化作为社区历史的沉淀是社区在处理人与自然、人与社会、人与人之间关系的经验总结,具有较强的继承性和独特性,随着经验不断积累、丰富,呈现出与地域条件相适应的特点。

中国农村社区的特点

很多传统的中国农村社区其实比现有的城市历史还要久远,承载着悠久的传统文化和地域特色。自改革开放以来,中国农村发生了翻天覆地的变化,生产、生活水平达到了前所未有的高度,土地改革、市场经济、打工潮、新农村建设等一次又一次地改变了中国的农村,让国内外学者不禁感叹中国农村社会发展如此之快、变化如此之大。不可否认的是,自十六届五中全会上提出全面建设社会主义新农村目标,制定了"生产发展,生活宽裕,乡风文明,村容整洁,管理民主"的二十字方针之后,新农村引领着学界研究、政绩考核、社会评价等的方面的热点关注。在社会主义新农村建设的 10 年时间内,中国农村无论是基础设施还是经济实力都获得了空前的进步,这一切得益于政府对于"三农"政策、财政和制度强有力的供给。

经济社会进步的同时,由土地制度、户籍制度等一系列制度产生的城乡差异所带来的城乡二元结构形势也在不断加剧,使得农村不仅仅代表一个区域,同时也成为区别于城市的特定社会结构的代名词,农民也成为明显区别于城镇居民的特定群体。农村社区的社会结构在经历一系列跨越式发展过程后,逐渐形成了一些新特点。首先,农村劳动力大规模进入城市务工,并在城乡之间长时期、大规模流动。中国自 20 世纪 90 年代开始城市化建设,引发各地大规模的造城运动,城市中产生了更多相对于农业收益更高的就业机会,打工潮、春运等社会现象相继出现。其次,"农民工"这一特殊群体的出现,使得农村社区"老龄化"、"空心化"成为普遍现象。第三,在新农村政策的实施下,道路等交通条件的改善引发农村社区社会结构的较大变化,农民"逐路而居"、相对集中的居住形式改变了人际关系和信息交流方式。传统的村落在市场经济、商品经济冲击下已经变得很难适应,改变具有历史必然性。

(1) 松散的社会结构

自 1978 年家庭联产承包责任制实施以来,以家庭为单位承包土地的政策使得农户的生产生活方式发生了深刻变化。在大幅度提高农业劳动生产力的同时,一些社会化因素被小农经营所取代,如集体经营、宗族观念逐渐弱化,家庭逐渐小型化。同时也带来生产关系的改变,以家庭为单位,农业劳动成果归家庭所有。农村以户为单位承包土地经营权,使得家庭成为更加独立的农业经营主体。没有记功分、没有大锅饭、没有监督,一切的生产活动由自己安排。农民可以更加自由地安排生产,没有磨洋工,没有搭便车,基于家庭成员之间的信任进行着各种分工与合作,多劳多得,家庭利益成为一致的目标。

家庭联产承包责任制是中国土地公有制的一种呈现形式。这一制度安排是中国在经历近 30 年大集体土地经营经验和教训基础上总结实践出来的。事实证明,中国在长期的社会主义初级阶段,农村以家庭为基础的土地承包责任制是符合现实国情的,顺应了农业生产力和生产关系发展的趋势。

任何事情都有两面性。以家庭为单位承包土地也就意味着土地经营变得细碎化,众所周知,这势必产生不经济的问题,但现实中农村社会的长治久安才是经济发展的根本。而且,目前已经有很多地方在农业现代化的背景下创新了多种不同的经营方式,促进了农业主体的多样化发展。在此更加关注的是土地经营制度对农村社区社会结构的影响。

中国农村社区结构是松散的。因为土地经营的细碎化,加之前面提到的城市化建设和市场经济发展吸引了农民向非农领域转移,农业经营主体已经几乎分散成为最小的单位。从经济学和社会学两方面看待其意义显得尤为重要。就经济学角度而言,进一步缩小经营单位主体,有利于提高生产效率,避免集体经营造成的不经济现象。家庭成为农村土地经营的最小核算单位,虽然同时也失去了规模经济,但相对于集体经营时代,无论是个人所得还是社会总产出都相应地增加了,这一点已经得到历史证明。从社会学角度看,家庭承包经营使得农村社区稳定性增加,有了最基本的保障——耕地。但宗族和集体时代的观念也随之被打散,集体的目标和利益被分解到各不相同的家庭个体,社区也随之变得松散。同时,城市化建设将 2 亿农民从土地中解放出来,农村社区空心化、老龄化进一步加剧。农村社区结构一盘散沙已经成为普遍存在的现象。改革开放至今 30 余年,小农经营的生活习惯已经根深蒂固,分家、分地、分财产在农村已经十分常见,农村社区的社会结构需要重塑,也正面临着重塑的机会。

(2) 特色的共容利益

社会结构的重塑,是新的利益格局再生的过程。我们应该中立地看待这个历史过程,并庆幸能够经历这段历史。

虽然我们看到因家庭为单位经营土地,农户家庭"各自为战"会导致社会结构十分松散。实际上,中国农村总体上正在经历一个"形散而神不散"的特殊时期(虽然有些大的趋势不可逆,如传统村庄的消失、村庄数量急剧减少、农村仍然占据着国土面积的相当比重),农村社区仍然是农民最为安全的"避风港",兼业农民最有弹性,也最有活力。能够再次发挥作用从而凝聚农村社区的是亲缘关系,农村社区是多种亲缘关系组成的利益共同体,一个农村社区里的人们相互之间有着千丝万缕的亲缘或血缘关系,这是无法改变的,也是根深蒂固的,是农民自身拥有的最大的社会资本。因此,目前由亲缘关系和熟人社会构筑的社会资本使得农村社区的"凝聚力"犹在。这也正是与城市社区最为本质的区别。这种凝聚力还需要经历时间的考验。

著名经济学家曼瑟·奥尔森[①] 2000 年在他的遗著《权利与繁荣》中提出共容利益的概念。共容利益是指某位理性地追求自身利益的个人或某个拥有相当凝聚力和纪律的组织,如果能够获得稳定社会总产出相当大的部分,同时会因该社会产出减少而遭受损失,则他们在此社会中便拥有了共容利益。共容利益给所涉及的人以刺激,诱使或迫使他们关心全社会长期稳定增长,与之对应的是拥有"狭隘利益"的个人或组织,鉴于他们对只能享有或丧失产出增减量微不足道的部分,故他们对增加社会产出毫无兴趣,而仅仅热衷于再分配,寻求该社会产出更大份额,甚至不惜损害社会福利。

之所以判断中国农村存在特定的共容利益,是因为两个前提:第一,如果农民不关心本村的发展,对于投票选村长这一事件,村民可以选择关心或不关心。那么,至少存在的情况是,如果不关心可能会给自己带来损失,关心可能会减少损失,例如,在为了修路在谈判占用谁家、占用多少耕地、补偿标准等问题上,村长是否能够公平处理决定了村民自家的利益。而村长的选举对于村民而言就是一个特定的共容利益。类似情况还有很多,尤其在外部力量介入时,个人利益如何在集体利益中体现成为很关键的共容利益。在现有行政体系下,政策、项目落实到村都会以一个集体(整村或村民小组)为单位,但涉及的是每一户家庭的利益。因此,对于农村社区而言,共容利益更多体现的是机会成本,实质却是一样的。

(3) 农民的多重目标

在农村社区,农民依靠土地、劳动力获得直接或间接收入。在有能力的情况

---

① 曼瑟·奥尔森(Mancur Olson,1932—1998),美国马里兰大学教授,是公共选择理论的最主要的奠基人之一,也是当代最有影响力的经济学家之一。但其学术贡献远远超出经济学范畴,他的研究成果对政治学、社会学、管理学以及其他社会科学的发展都产生了重大影响。

下,农民会通过比较打工或务农可能的收益,从中理性地做出选择,而考虑的出发点是收益。最为典型的例子就是养猪,在四川省,大部分农民家庭都会养猪,至少有一头年猪自食,有条件的会多养几头用于销售。这样不用花费很大的成本买肉,猪粪可以作为有机肥,可以处理剩饭剩菜,虽然小农户家庭养猪利润很低,但养猪具有以小成本不断投入而在年底卖出获得一笔钱的"零存整取"功能。更为重要的是,家庭养猪并不需要占用整个劳动力,也不耽误其他事情。有的学者还认为四川农村留守老人坚持养猪有践行农耕文化、保持自身尊严等非经济因素。

中国农村社区之所以如此,还有一个很重要的原因,是农民需要考虑劳动力资源的综合利用。这也是和城市社区有很大区别之处,城市居民可以术业有专攻,在分工精细化的当今社会,一技之长能够获得很好的收入。而农民则是多面手,这也是现实版的"理性",综合考虑的问题,为了节约成本,做一件事情需要满足多个目标。贫困的地区百姓只有依靠劳动力才能维持生存。因此,除收益之外,农村社区的理性是需要计算直接成本和机会成本的。

在综合利用劳动力的观念下,农民多目标的思维和行为方式是完全合理的。在劳动力有限的情况下,只能通过综合利用劳动力,使其不致仅产生一种收益,虽然获得的收益更难于核算,但这样选择一定比选择单一的目标要好。现实中,也可能出于不易核算的原因,在家庭经营过程中,中国农村社区在计算某项产出农产品的收益时,一般不将劳动力计算到成本中。在收入渠道不多的情况下,即劳动力和时间段的机会成本很低,农民对于劳动力的态度甚至达到"自我剥削"地步,且意志十分坚强。相反,在交通便捷的农村,劳动力成本日益高涨的今天,这种情况又正好相反,劳动力机会成本成为种养殖领域以外的成本因素。例如,在四川,尤其是5·12地震过后,灾后重建带来大量打工机会,劳动力价格比地震前涨了将近一倍,如,建筑行业,小工至少达到 100~120 元/天,技术工种甚至达到 200 元/天,在条件艰苦的区域则更高。出于节约成本的考虑,多目标始终围绕着有限的劳动力资源核算进行。

(4) 短期的集体理性

尽量多目标化是农民的个体理性,那么对于农村社区而言一样会有集体的理性。但这样的理性往往是出于短期目标的考虑。同样因为前面论述的特点,由于分散的社会结构、经济原因,农村社区的集体行动一般无法从更长期来规划,因此,短期利益对农村社区十分重要。

著名经济学家曼瑟·奥尔森的公共选择理论的奠基之作《集体行动的逻辑》(1965 年)一书中提到集体行动产生的条件。按照奥尔森的理论,农村社区既然是一个利益共同体,就会产生集体的目标和集体的利益,因此,共同体中的个人是有动力实现集体目标,从而增进集体利益,进而增进个人利益的。然而奥尔森的观点是:"除非一个集团中人数很少,或者除非存在强制或其他某些特殊手段以使个人按照他们的共同利益行事,有理性的、寻求自我利益的个人不会采取行动以实现他们共同的或集团的利益。"

经验主义者判断,农村社区作为集体时是具有有限理性的,即在短期内很有可能为了大社区集体的短期目标而采取集体的行动。在中国,对农村的帮扶多是以项目的形式进入的,尤其是一些工程项目是地方村干部和百姓十分期待的,这其中夹杂着长期利益和短期利益。受到短期项目资金的刺激,农村社区往往呈现出集体行动的意愿,选择接受并忽略项目长期带来的影响,如污染、自然资源的破坏或掠夺性的开采等。最为典型的例子是天然林禁伐前后的对比,在四川,1998年前林区的砍伐现象十分普遍,在木材可观收益的刺激下,林农选择大量砍伐林木,然而水土流失、滑坡泥石流等自然灾害也在随着砍伐量增多而加剧。1998年的一道禁令才将乱砍滥伐制止。相对于长期利益,短期利益显然对集体行动的刺激性更强。

在处理保护和发展的问题时,集体的理性导致农村社区在二者之间难以抉择。这也是为什么社区保护行动并不是所有社区都能够承担的,而这些特点将会反映在农村社区如何看待保护,及采取什么样的行为上。

显然中国农村社区特点远远不是上述四方面能够完整描绘的,但是从社区保护角度出发,这四点恰恰是从事社区保护工作者不得不面对的问题,问题本身十分容易理解,且几乎每个社区都一样,然而解决问题的办法却不是同一的,甚至因地制宜的见招拆招方能应对。从事社区工作的人一般比较容易与社区的单个成员沟通,然而动员一个社区,让社区成员形成集体行动却十分困难。

社区保护的主流观点

其实,社区保护本身是一个比较模糊的概念,现有的定义也很难说清它的边界。从事生态保护工作的人,经常会谈及社区参与保护、以社区为主体的保护、基于社区的保护等等,这些都是可以理解为社区保护概念的范畴。

社区保护地常常被认为是社区保护的有效载体,世界自然保护联盟(IUCN)根据不同的治理结构,把自然保护地分为国家保护地、共管保护地、私人保护地和社区保护地。其中,社区就地保护周边生态环境的有效方式就是建立社区保护地。

社区保护的脉络

据 IUCN 估计,在全世界范围内,单纯由社区管理的森林保护地总面积可能达到 4.2亿亩,接近世界森林总面积的11%。同时,全世界社区保护地的面积几乎等同于正式保护地的总面积。

值得强调的是,在上述保护地中,社区保护地的比例如此之高,充分说明了社区在生态保护领域的主体地位;也说明保护不只是政府的责任,也不仅是公益人士的专职。生态保护领域本身就是一个需要多元化力量参与、合作的工作。主流的学者和实践者们都不会否认社区在保护中的重要甚至决定性作用。现实中,社区作为保护的主体地位也在不断加强,中国政府对于农业、农村、农民的政策扶持力度也逐年加大,三农的基础地位、基础作用不断凸显。保护离不开所有人的努力,而在社区保护中,社区的主体地位和作用至关重要。

(1) 保护离不开当地社区参与

保护行动需要有承担者,而社区是再合适不过的主体。一是社区往往拥有周边区域土地的所有权或承包经营权,保护和利用是社区土地产权的一部分,法律赋予了社区这部分权利;二是社区本身就生存在自然资源富集的区域,对于周边自然的一切拥有得天独厚的传统知识,再没有比社区居民更熟悉其周边的一切情况了。而我们需要注意的是"保护离不开当地社区"而非"当地社区离不开保护",因此,尤其需要注意当地社区对保护的态度和意愿。保护本身是脆弱的,因社区的意识和行为差异而受到显著影响。

著名动物学家、自然保护主义者乔治·夏勒①曾说:"保护不能也无法脱离原住民。我们必须把自然与人类的生存、健康、教育等需求联系起来。许多保护措施都依靠当地社区的良好意愿和参与。"社区对于保护拥有良好的意愿和参与的积极性是值得鼓励的,但同时夏勒博士更强调在保护自然的同时应该联系人类的需求,而社区的意愿和参与和这个联系应该互为因果。

(2) 保护需要与当地社区发展紧密结合

保护是有条件的,在"食不果腹"的情况下,社区很难去对野生动物进行主动的保护。如今,单纯的保护已经不可持续,社区的生存和发展权力仍然需要得到保护。党中央提出的发展方式的改变正是既要青山绿水、也要经济发展的战略性考虑。

北京大学前校长许智宏院士说:"生物多样性富集的地区,往往也是文化多样性丰富之地。保护自然界要从保护这片自然界所处的社区着手,不但要有外来专

---

① 乔治·夏勒(George Beals Schaller,1933—),美国动物学家、博物学家、自然保护主义者和作家,世界野生生物保护学会首席科学家。他一直致力于野生动物的保护和研究,在非洲、亚洲、南美洲都开展过动物学研究,曾被美国《时代周刊》评为世界上三位最杰出的野生动物研究学者之一。

业力量的资助,更要注意发挥当地社区的力量。既要重视生物多样性富集区的经济可持续发展和人民生活水平的提高,也要将经济发展与自然和文化遗产的保护密切结合。"

(3) 保护需要基于当地传统知识和文化

北京大学保护生物学系教授、山水自然保护中心首席科学家吕植认为:"社区保护地促进文化认同。"在中国已经被社会关注的藏族"神山圣湖"、傣族"龙山"和彝族的"神树林"等都是具有传统文化的社区保护地,在这些地区形成了文化价值和生态价值有机的统一。

如果广义一点去看待社区保护,那么,对于社区保护的相关的论述其实很多,即便是政府的文件中也并不鲜见。2011年11月16日在国务院第181次常务会议上正式批复建立"三江源国家生态保护综合试验区",批准实施的《青海三江源国家生态保护综合试验区总体方案》中明确提出:"要创新生态保护体制机制。建立生态环境监测预警系统,及时掌握气候与生态变化情况。建立规范长效的生态补偿机制,加大中央财政转移支付力度。设立生态管护公益岗位,发挥农牧民生态保护主体作用。鼓励和引导个人、民间组织、社会团体积极支持和参与三江源生态保护公益活动。"

(4) 社区保护是对自然资源的利用进行管理

社区保护面临的是社区如何对待周边自然资源的问题。因此,自然资源的利用、管理方式往往成为社区保护的重要组成部分,有时甚至社区保护的目的。中国农村,尤其是生物多样性富集的山区,往往比较贫困,农民有着"靠山吃山,靠水吃水"的传统。自然资源的利用与保护成为不易调和的矛盾,人民日益增长的物质需求,市场经济的猎奇心理,对野生动植物的偏爱导致了自然资源的无序利用。在这种情况下,资源利用冲突成为社区保护面临的主要问题,例如,无序的砍伐木材、猎杀山林中的珍稀动物、过度挖掘林下野生药材、电毒河流中的野生鱼类等,生物多样性因此会不断减少。因此,社区保护的目的是通过社区传统知识和文化,有序有度地对社区的自然资源进行可持续的利用和管理。很多实践者认为,能够平衡好自然资源的利用和保护既是达到了社区保护和发展的平衡,也是社区保护的目的。

社区保护作为一种社会现象之所以能够形成,而且在很多社区自发地形成,是有诸多原因的。当市场经济或者说当木材、野生动植物的贸易还不发达时,传统的农村社区与自然的和谐共处是一种平衡;当市场经济发展起来,这种平衡变得越来越难以维持,对于市场"近水楼台"的社区难以抵挡市场经济的冲击,自然资源难免会被过度利用。市场又是人类最伟大的创造,人们的生活因此变得更加有效率,资源配置得到了优化,整个社会的生产生活水平也因此提高。然而人们经常提到市场经济又是无情的、自私的理性,一旦市场的闸门放开,一切美好的东西都变得可以购买,可以用金钱衡量。自然资源的过度开采和消耗自然可能带来很多尖锐的社会矛盾。批评家们说到市场是一把"双头剑",一头刺向无辜的自然,一头刺向人们自身,使其在所谓"理性"的驱使下变得不再理智。

因此,社区保护是一种当地的价值观。社区保护是社区与当地自然的关系。社区保护不是学科意义的保护,是一种处理社区与当地自然关系的方式。发展和保护是对立的矛盾。如果无法兼顾当地社区的利益,则无法完成保护的目标。

本书探讨的主要内容

社区保护同样也是"形散而神不散"的新生事物。广义的理解,社区保护因根植于社区,自然关系到农村发展的方方面面,虽然规模较小,却也是政治、经济、文化、社会、生态"五脏俱全"。为了能够更为具体地讨论社区保护的关键性问题,本书梳理出了以下五个重要方面:

(1) 土地产权与社区保护

不同的国家具有不同的土地制度。中国的所有制实行的是社会主义公有制,即土地归全民所有或归集体所用。从农村土地的经营制度上讲,中国实行的是以家庭承包经营为基础,统分结合的双层经营体制。农民从集体那里承包土地,获得土地承包经营权。

从土地产权角度来讲,土地权属主要指所有权和使用权。中国的土地产权制度是比较复杂的,尤其对于集体所有的土地产权。承包土地的农民仅仅拥有使用权意义上的土地,因此没有真正法律意义上土地买卖的说法(虽然会经常听到百姓用买卖土地来谈论土地归属)。在所有权之下,使用权可以派生出一系列权力束,如经营权、收益权、处置权等。土地所有权和使用权的分离作为一项产权制度的伟大发明,有效地促进了稀缺的土地资源的有效利用。在中国,土地权利人可以通过法定的流转程序对土地的派生权属进行转换。流转则包括了转包、出租、借用、互换、转让、入股等多种形式。

之所以称之为权力束,是因为除所有权以外,针对土地的权利是可以不停地细分,各种权利像一捆木棒捆扎在一起,而权利人可以像抽出若干木棒那样进行单独的出让并获得利益。而对于各种派生权力(即权力束中的各项细分权力)的界定,目前还存在很多模糊地带。因此,在签订关于土地的相关权利时,往往需要明确各方在土地上拥有的责权利,并通过谈判达成一致条件来实现土地权利的转换。

土地产权之于社区保护而言,意味着社区有权力去保护及有权力组织他人破坏自己的土地资源。拥有土地(在中国拥有了承包经营权)便拥有了保护权,行使保护权就对破坏生态的行为具有排他权。由于在中国保护的工作职能一直是林业部门所承担,对于保护权的认识,很多社区甚至并不了解。保护权力的行使往往通过谈判来实现。例如,国家对于社区集体所有的生态公益林的补偿,在获得补偿的同时,需要承担一定的管护责任。也就是说,社区通过行使保护权来获得国家的生态补偿,而如何保护,则需要林业部门与社区进行责任义务的协商,甚至谈判。在有效行使了保护权后,达到了保护目标则获得补偿,反之不应该得到补偿。

谈到社区保护地时,往往首先就要涉及土地权属,即土地的产权界定是否清楚。社区保护地权属界定的是社区有多少权利,在多大范围内开展保护行动。因此,土地权属对于社区保护是至关重要的,没有确定的区域和权限,社区保护也就无从开展,这是社区保护的大前提。传统的社区保护没有书面规定的土地权属概念,自然资源包围着社区,社区与自然资源、野生动植物共生,理智地从大自然中获取所需,这是一个原始状态。而外部威胁增加后,社区的土地权利有可能遭到侵犯,而这时就需要有具体的权利表达,从而对侵犯者进行惩罚。例如,如何判断权利是否遭受侵犯,社区能否有足够的权力抵制破坏行为,社区对土地的保护权是否有足够的权威来进行抵制等一系列的问题,都需要对土地的各项权利进行更为明确的界定,从而使社区得到相关保障。

(2)社区经济与社区保护

社区保护和发展是一个老生常谈的话题,二者之间最终是一个妥协和让步的问题,诚然不能否认现实中也有二者相互促进、相辅相成的案例。对于大多数农村社区而言,保护和发展仍然处于相互替代的局面,并且保护价值较高的区域往往也是贫困程度较高的区域。这意味着不能牺牲社区发展而只做保护,反之也不可能;而且社区也不可能在经济十分落后的情况下持续地负担保护成本。因此,发展社区经济与社区保护是需要平衡的,尤其在当今,社会主义新农村建设是作为一项国家的战略来实施的,农村社区也应该享有改革发展的成果,有权力获得更好的生产生活水平,不能因为处于生态脆弱区就必须面对贫困。因此,社区经济发展与环境保护是紧密相连的矛盾体,社会工作者到基层社区很难带着单一的目标(尤其是单纯的保护目标)去面对这样综合且复杂的问题。

社区保护意味着对周边的自然环境减少甚至不进行直接开发,这样会失去了一些从自然直接获益的机会。因此,对社区而言,保护意味着损失了发展的收益机会。前面提到中国农村社区的特点里有农村社区存在短期的集体理性，这其实可以解释当前很多社区保护项目能够落地到社区的原因。由于短期的理性，无论是发展项目或是保护项目，对社区来说，短期内都能够因项目实施而带来直接收益。这也正是目前农村社区尤其是村干部工作项目导向的主要原因。

面对经济发展和生态保护，社区呈现两种态度：一是主动从事保护行动，二是发展环境友好型产业。关于主动和被动的问题是目前普遍存在的也是颇有争议的问题。科学派往往认为生态保护是比较高端工作，社区很难做到有效的保护，社区只要能够退出保护范围，专注于保护区域以外的发展，生态环境就会有机会恢复起来，因为生态的破坏大部分被认为是人类的活动造成的。实践派则认为，就地保护最好的方式就是与当地社区合作，在外部力量的支持下，由社区以守护家园的形式开展相应的保护行动。显然，一方面有人认为社区发展与生态学意义上的保护有一定的隔离，很难将其与社区发展联系起来形成有效的社区保护；另一方面则认为，依靠当地社区的传统，能够找到一条结合保护和发展的路，让当地百姓从社区保护中得到发展，进而长期受益。

（3）自然资源管理与社区保护

珍稀野生动植物的保护离农村社区的生产生活还存在一些距离。例如，阻止猎杀野生动物与社区人们自身的生产生活的关系是什么样的？上述问题似乎很难回答清楚，必须绕很大的弯才能将野生动物与农民自身联系起来。抛开生态保护，与社区更近一层关系的问题是社区周边的自然资源的利用方式，例如，木材、食用菌、草场等自然资源与社区的生产生活联系十分紧密。

著名诺贝尔经济学奖获得者，埃莉诺·奥斯特罗姆[①]，在其代表作《公共事物的治理之道：集体行动制度的演进》中提出了"公共池塘资源"的概念。公共池塘资源是指同时具有非排他性和竞争性的物品，是一种人们共同使用整个资源系统，但分别享用资源单位的公共资源。本书中所提到的农村社区即是拥有这样公共资源的社区，无法排他，却会因使用者的增多而减少，是竞用性的资源。在经济学中可理解为具有非排他和竞用性的准公共物品。奥斯特罗姆所说的池塘的概念也是说明这类公共资源具有总量的概念、可再生的周期比较长等特点。公共池塘资源的管理即社区集体所有的自然资源的管理虽然不能单纯与社区保护画等号，但一些主流的实践者认为，这方面的自然资源管理可以成为社区保护的一部分。通过

---

① 奥斯特罗姆（Elinor Ostrom，1933—2012），历史上第一位获得诺贝尔经济学奖的女性，2009 年诺贝尔经济学奖得主。她在政治学、政治经济学、行政学、公共政策、发展研究等诸多领域享受很高的学术声誉，其首创的政治理论与政策分析研究所已经被公认为美国公共选择的三大学派之一。

合理利用和管理社区周边的自然资源,在生态保护和社区发展之间找到一个动态平衡点。

虽然奥斯特罗姆所研究的范畴主要是以自然资源为生的社区,但对于社区保护而言也是十分值得学习的。通过合理地安排自然资源的利用时间、利用量等要素,能够使得社区在长达一百年甚至几百年的时间里永续地利用集体的自然资源,而不会出现"公地悲剧"的现象。

笔者认为,如果狭义地看待,自然资源管理是社区通过对周边自然资源的合理利用达到可持续经营的目的,那么,社区保护落实到自然资源管理来讨论是比较浅层次的说法。而如果从广义上看待自然资源管理,即包括通过野生动植物资源的管理提高区域的生态服务功能,那么生态保护的成分就会更浓。显然,社区保护最为独特的内涵是社区能够从生态系统和长远利益考虑采取积极的生态保护行动。

（4）集体行动与社区保护

集体行动的概念多见于公共选择学派理论中。集体行动理论是奥尔森穷尽一生精力研究的领域。在他的理论中,集体行动的发生是比较困难的,需要很多特定的约束条件,如保障私人产权、公正可监督的契约执行以及适当激励措施的干预等。由于集体行动往往广泛地存在搭便车行为,使得集体行动不容易维持下来。

当谈到社区保护的概念时,多指社区是作为执行的主体来讨论的,而社区作为一个集体来参与保护则是社区保护更深一层的意义。当今社会,社区集体意识和行为的改变是促进生态保护的必要条件之一。因为生态系统或者说生态资源的连续性,形成生态服务功能的公共物品特点,个人出于理性考虑,很难通过垫付私人成本来提供这一公共物品。事实上,生态保护私人垫付的成本是十分高昂的。这在客观上使得生态保护需要社区的集体行动、集体参与,以分担其社会成本。

奥尔森分析了各种可能的集体行动,自发的、外力干预下的、行政或制度强制的情况都可能产生不同形式的集体行动。在现实的社区保护集体行动中,这三种情况同时存在。

生态保护和集体行动都暗含同样的外部性问题。从个人理性角度出发,集体行动是无法存在的,因为总能找到"搭便车"的理由;而且在个人理性的支配下,"公地悲剧"也是随时有可能发生的,因此,保护生态环境需要社区的集体行动力,尤其在面对自然资源可持续利用时。集体行动是由个人行为组成的,个人的行为往往受到两个方面的约束:一个是道德层面,由自身的价值观决定行为的层面,是内在的约束;另一个是制度层面,有法律政策、村规民约等行为准则,是外部的约束。

回应前面提到的短期集体理性的特点。长期的理性往往存在于私有化的产权制度里,因为一旦完全占有一项资源,就意味着社区对于资源的产权会期望拥有更长远、更稳定的预期收益,从而能够兼顾更为长远的利益,在更长的时间尺度上规划自身的最大化收益。这样就降低了资源在短期内的利用压力。

(5) 乡村治理与社区保护

集体行动仍然是从个人理性的条件出发来分析的。社区保护所涉及的另外一个层面的内容是乡村治理。乡村治理涉及两方面内容:一是行政体系下的对村级或村民小组的社会管理;二是社区内部基层精英对村级或村民小组内部的治理。

根据 2010 年 10 月 28 日第十一届全国人民代表大会常务委员会第十七次会议修订的《中华人民共和国村民委员会组织法》规定:村民委员会是村民自我管理、自我教育、自我服务的基层群众性自治组织,实行民主选举、民主决策、民主管理、民主监督。从组织层面看,传统的乡村治理主体主要分为乡镇政府、村民委员会、村基层党委会和村民代表大会等制度性主体,其扮演着国家和政府"代理人"角色,是激发基层活力的主要载体[1]。

乡村治理对象所涉及的内容丰富、范围广泛,而不同的村庄由于所处发展环境及发展阶段存在很大的差异性,它们在发展中所面临的困难及迫切需要解决的问题是不一样的。有些村庄重点是管理本村农民集体所有的土地和其他财产,继而引导村民合理利用自然资源,保护和改善生态环境;有些是重视培养和支持经济组织独立进行经济活动,维护农村农业经营机制;有的则是重点负责进行村庄规划、居民安置以及农民的利益分配和权利维护[2]。

社区精英是活跃在乡村治理中的重要角色。现实生活中中国农村有两类社区精英:一是体制内的社区精英,即前面提到的作为农村基层管理体制"代理人"的村组干部;另一是体制外的社区精英,往往是在村上具有企业家才能、敢于冒险、有发展意愿和能力的人。体制内的村组干部对于村公事务的管理、解决村内矛盾和纠纷发挥了重要作用,除此之外,在 2006 年以前还承担着督促村民上交农业税的"黑脸"角色,使得村组干部一度沦为税务部门在基层的小分支的尴尬境地;体制外的社区精英,对于自身发展和带动社区经济发展往往起到至关重要的作用。

体制内的社区精英"代理人"这一纠结的身份在 2006 年 1 月 1 日起发生了根本性转变,因为自那天起《农业税条例》废止,意味着在中国这片土地上沿袭了两千多年的"皇粮国税"彻底取消。对于"三农"的政策也实现了战略性调整,真正的、全面的"以工补农,以工促农,以城带乡"的时代正式开启。

---

① 张艳娥.关于乡村治理主体几个相关问题的分析.农村经济,2010,1.
② 钱翠玉.都市型村庄社区治理主客体要素分析研究.中国集体经济社会视野,2011,6.

于社区保护而言,良好的乡村治理机制是社区保护形成的前提,这决定了社区在管理集体生态资产的成效。乡村治理机制在社区内部管理发挥着重要作用,激励和监督社区成员按照约定来面对自然资源,是社区作为集体组织能够自我管理,有效处理和平衡人、自然、社区三者之间关系的有力保障。

（6）微妙的社区保护

集体行动、乡村治理等大家耳熟能详的议题已经作为一股主流的思想,在政府、社会组织、学界等中进行各种实践和研究。作为外界的关注者,对乡村都有一个美好的愿景,希望在农村社区中,村民之间都是平等的,并且都十分关心村上公共事务。村里有完善的乡村治理机制,遇到事情时大家能够一起讨论,不同意见在会上能够得到充分表达,最终能够有一个决策机制,使得决策结果能够代表村集体整体意见。如果再加上事事处处以带动村民发展为己任的村组干部和几个产业发展精英那就更完美了。有这样的社区基础,社区保护是很容易实施的事情。

环保非政府组织对农村社区往往有上述特殊的情节。然而,骨感的现实是中国大部分农村公共事务的缺失,打工潮抽干了农村最有生机的力量,他们疲惫地奔波于各大城市之间。显然,农村社区的活力正处于一个比较衰弱的时期。作为外部力量带着特定的目标进入农村社区后,以集体行动、民主选举、透明公开的财务等美好事物的框架去应对,却发现现实中的社区与愿景中的并不在一个频道上。对于社区保护也是如此。其实,社区做生态保护也好,参与生态保护也好,因为少才显得弥足珍贵,它督促着社会实践者不断去发现、总结、试验,努力实现美好社区保护的愿景。

脉络二　土地产权制度的演进

　　土地是农村生产发展最重要的载体,也是野生动植物依托并形成生态系统的一部分①。我们国家在不同时期、不同阶段对土地有着不同的制度安排,这在很大程度上影响着农民与土地的关系,也对国家经济社会发展产生了重要的影响。为什么谈到社区保护首先要谈土地制度?原因有三:第一,在农村社区,土地是最重要的生产资料,农民生产生活的一举一动都与土地密切相关,土地产权的变化不但带来生产关系的变革,更带来农民行为意识的改变;第二,生态保护与土地密切相关,在本书中论述的区域,物种及其栖息地(陆地)占据着大片土地,且与农村社区紧密相连,土地产权的变化,带来了人缘、地缘关系的改变,生活在其中的农村社区对其周边野生动植物及其栖息地的影响也会改变;第三,人为活动是干扰生态保护的主要因素,这其中涉及保护力量和破坏力量之间的对抗,而土地边界、范围将成为这个对抗的重要依据,无论自然保护区还是后文谈到的社区保护地,都是涉及在一定区域内的保护和管理,难免受到土地产权的约束。

　　土地产权制度的改变,首先是对农业经营制度的改变。因此,伴随着土地产权制度的变迁,中国农业经营制度经历了数次大的变迁,土地经营的合合分分,将农村社区的人地关系、人与人的关系进行了梳理,最终确立了"以家庭承包经营为基础,统分结合的双层经营体制,赋予农民长期而有保障的土地使用权,维护农村土地承包当事人的合法权益,促进农业、农村经济发展和农村社会稳定。"②从广义上看,自新中国成立后,土地产权制度的变迁大致经历了三个重要时期③。

---

　　① 本书的论述的观点仅限于陆地生态系统,而水生、海洋生态系统可能并不适用.
　　②《中华人民共和国土地承包法》,第九届全国人民代表大会常务委员会颁布,2002 年 8 月 29 日.
　　③ 关于中国土地产权制度变迁的阶段,根据不同的论述需求,不同专家学者有不同的划分方法.

土地改革时期

中国自古以来以农业生产为主,土地是劳动人民生存所必需的生产资料,是人们生产发展的根本来源。在封建社会里,土地归封建统治阶级和地主阶级所有,农民作为被剥削阶级,没有土地或仅有少量土地,靠租用地主阶级土地为生;而生产的大部分所得全部以地租的形式支付给土地所有者,农民在农业经营上几乎没有权利可言,因此,1949年以前以落后的封建土地制度为核心的农业经营制度严重挫伤了农民生产积极性,阻碍了农业经济的发展。新中国成立后,农民要求获得土地的愿望空前强烈,以农民需求为出发点的土地改革在全国范围内展开,农民的不利地位得到了根本的转变。1950年6月,《中华人民共和国土地改革法》颁布,标志着中国进入农业经营制度改革的全新时期,这部法律明确阐述了土地改革的基本思路和方法,以此指导全国开展土地改革,主要内容是废除封建地主阶级土地所有制,实行土地等生产资料归农民的土地所有制。土地改革取得了丰硕的成果。据统计,"大约3亿多无地或少地的农民无偿地分得约7.5亿亩土地和大批的耕畜、农具和生产资料,免除了每年向地主缴纳的350亿公斤粮食的地租。占人口90%以上的贫雇农和中农,占有90%以上的耕地,原来的地主、富农只占有全部耕地的8%左右。"[①]1952年底全国土地改革基本完成,全国上下真正实现了"耕者有其田"。

该阶段初步建立了中国土地制度,农民分得土地后,有了自由经营权,以家庭为基本经营单位,可以因地制宜安排生产、合理组织家庭劳动力,所得收益(粮食、蔬菜等)也可以自由支配,农民长期被束缚的生产力在该阶段突然释放,极大地促进了农业经济的恢复和发展。

土地大集体经营时期

该阶段有三个重要历史时期,属于中国对社会主义集体经济的探索时期,虽然走了一些弯路,但仍然积累了一些农业产业化的发展经验。尤其对农业产业化发展的组织基础进行了有价值的实践,是后来影响农业产业化组织制度发展的前期成果。

---

① 郭晓鸣等.农民与土地.贵阳:贵州人民出版社,1994.

社区保护的脉络

(1) 初级社时期

土地改革虽然解放了农业生产力,但中国当时仍然处于战后的恢复调整期,生产条件极为落后、生产资料和资金十分匮乏、以家庭为生产单位的生产能力明显不足,生产力的释放因此也比较有限。在此条件下,1953 年 12 月,中共中央发布了《关于发展农业生产合作社的决议》,到 1956 年 4 月,全国农村基本上实现了初级形式的农业合作化①。该阶段实行集体统一经营的制度,将大型生产工具、牲畜等短缺生产资料入社,由集体统一安排生产。初级社的经营模式为:由集体提前制定生产规划,统一组织生产劳动,社员全部参与统一的劳动,以劳动日为单位计工分并获得相应的劳动报酬,生产工具、牲畜原则上归私人所用,所有者由于贡献了生产资料也会获得额外的报酬。初级社是一种集体、互助、合作的农业经营制度,它保留了农民对生产资料的私有权,以初级社的方式开展合作生产,有利于充分利用短缺的生产资料,是限于当时落后的生产条件的适应性选择,因此,在一定程度上缓解了农民生产积极性高涨与生产方式落后的矛盾,促进了农业生产的发展。

(2) 高级社时期

在该阶段,党和政府迫切要求发展社会主义农业,号召实行"小社并大社"的合作化运动,在全国组建高级社,将土地、生产工具、牲畜等生产资料一并归于集体所有,由集体统一经营、管理,初步实现了生产资料的社会主义公有制。到 1956 年 4 月,全国有 87.8% 的农民参加了高级社,在形式上完成了社会主义化。高级社实行统一经营、统一规划、统一核算和分配。生产活动由高级社组织生产队来进行,实行"三包一奖",即包工、包产、包财务和超产奖励,社员被召集到生产队进行生产劳动,劳动报酬仍然按劳动日计算。有统计数据显示,1956 年合作化实现后,1957 年粮食增长 1.2%,与第一个五年计划期间粮食平均每年增长 3.5% 相比,下降了 2.3%。同时,大牲畜和农用役畜减少三四百万头,农村生产力遭到很大破坏②。该阶段仍然实行的是集体、合作统一的经营体制,但由于生产资料全部划归公有,农民获得利益部分地变为集体所有,生产积极性再次受到压制。

(3) 人民公社时期

该时期仍然是在党和政府的大力推进下进行的,并引发全国上下社会主义建设热情的普遍高涨。1958 年 8 月,全国 74 万多个高级社合并改组成立了 26 000 多个人民公社。该经营制度的公有化色彩更加强烈:人民公社集体经济分公社、大队、生产队三级所有,农民一起吃"大锅饭",以公社领导各生产队下达生产计划,

---

① 沈聚春. 农村经营制度的变革. 江苏农村经济,2000.
② 叶扬兵. 农业合作化运动研究述评. 当代中国史研究,2008.

以生产队为单位统一安排生产经营活动,以定额记分或评工记分的方式按劳分配。人民公社制度本身具有很强的外部性,如果没有有效的监督和激励体制,该制度由于管理的过度集中和平均主义思想,导致农民"均贫"和农业经济增长的停滞不前,任何社员都可能会因为享受较高的外部收益(或比较收益)而丧失劳动积极性。由于该阶段制度有效供给严重不足,而监督成本又太高(包括制度上的不可能性),以至于该制度不能有效实施,导致了"搭便车"、"磨洋工"等消极生产行为,农民生产积极性衰退,生产效率十分低下,农民普遍产生了"干多干少一个样,干和不干一个样"的心理。事实证明,在人民公社制度建立的 20 年内,中国农民陷入了十分艰难的境地,加之 1959～1961 年三年全国性的自然灾害,粮食大幅减产,农民生活极为贫困,农业经营制度变迁的诱致性因素不断积累。

土地家庭承包经营时期

随着人民公社制度的负面影响不断积累,到 1978 年,中国开展了新一轮农村经营制度改革的实践,开创性地实行以家庭承包经营为主的生产责任制,将集体统一经营与家庭承包经营相结合。在政治制度上,打破了以往"政社合一"的管理体制,设立乡政府作为政权基层单位,在村一级设立村民委员会,在下一级设立村民小组,实行村民自治;在分配制度上,由"包干到户"转变为"包产到户",实行"保证国家的,留足集体的,剩下全是自己的"财富分配机制,保障农民真正实现按劳分配的权益;在产业组织上,以家庭经营为单位,实现自主经营、自负盈亏。该阶段农业经营制度的变革符合中国广大农民群众的根本利益,能够充分调动农民生产积极性,极大地促进了农业生产的发展,符合解放生产力、发展生产力的客观要求。据统计,1978～1984 年间,农作物以不变价格计算,增加了 42.23%,其中有大约一半(46.89%)来自家庭承包责任制带来的生产率的提高[1]。1991 年,党的十三届八中全会明确提出:把以家庭联产承包为主的责任制、统分结合的双层经营体制,作为中国乡村集体经济组织的一项基本经营制度长期稳定下来,并不断充实完善。

事实证明,家庭承包制符合中国农业发展的基本国情,也符合农民自身的根本利益和发展需求。经过多年的探索,找出了适合中国农业发展的道路。1998 年 10月,党的十五届三中全会确立中国农业的基本经营制度:以家庭联产承包经营为基础、统分结合的双层经营制度。2003 年,党的十六届三中全会《关于完善社会主

---

[1] 林毅夫.制度、技术与中国农业发展.上海:上海三联书店,2005.

义市场经济体制若干问题的决定》中提出：要长期稳定并不断完善以家庭承包经营为基础、统分结合的双层经营体制,依法保障农民对土地承包经营的各项权利。农户在承包期内可依法、自愿、有偿流转土地承包经营权,完善流转办法,逐步发展适度规模经营。该阶段"放活"了中国以土地承包经营为核心的农业经营制度,进一步释放了农业生产力。在接下来的 10 年中,随着各种惠农配套政策的出台,中国农业经济获得了较快的发展,走上了农业现代化的发展道路。

脉络三　无法逃避的外部性问题

生态系统服务的公共物品属性

纯粹的公共物品具有非竞用性和非排他性两个特点，即在公共物品的消费上不存在竞争，增加消费这样的物品不会提高其供给成本，也不会因为增加消费的人数而减少。非排他性，即无法阻止不同的人同时消费这样的物品，或者排除别人同时消费的成本极高。这样的物品在市场中是不会有厂家愿意提供的，因为人们都会等着有人买来然后"搭便车"，市场中不会有人愿意支付这种物品的生产成本。因此，公共物品往往需要由政府来提供，因为公共物品的生产能够大幅度提高社会的福利水平，人们的生产生活水平都会因享受到公共物品而得到提高。

当然，纯公共物品在现实生活中并不多见，也不是在此讨论的重要内容。但竞用性和排他性作为判断公共物品的两大标准，在社区保护以及社区自然资源管理这两个方面揭示很多本质的问题。

一般意义的公共物品由政府、厂商甚至个人来提供，因此，普通的公共物品可以人为控制和规划。与一般意义上的公共物品不同，生态系统服务最为本质的供给者为大自然。大自然提供生态系统服务是客观的、无私的，根据生态系统的完整性和质量提供与之匹配的生态系统产品和服务。人们消费生态系统服务，例如，洁净的水和空气等产品，气候调节、涵养水土、保护生物多样性等服务功能，整个过程不需要向大自然支付任何费用。生态系统通过自身的循环为人类提供赖以生存的环境。

然而，如今人们享受这些基本的生态服务功能的机会成本越来越大，因为污染和破坏的增加，这种公共物品变得稀缺。稀缺性是一个经济学概念，因为有了稀缺性,就需要考虑有限的资源如何配置才能够使得社会的福利达到最优。而生态系统服务并不是如何配置资源的概念,在这种生态系统服务供给能力越来越弱的情况下,人类需要考虑的是如何能够提高它的生产能力,以保存更多高生态价值区域,让其更加完整。

社区保护的外部性问题

关于社区保护的外部性需要说明两个层面的问题:我一是社区从事生态保护的正外部性;一是社区的自然资源管理中的负外部性。正外部性由私人部门负担成本,却增加了社会收益,且这种收益不具排他性。负的外部性恰好相反,由社会负担成本,而由私人部门获得收益,且这种收益往往具有排他性。

从结果来看,社区保护能够促进生态系统更好地提供其产品和服务,这正是社区保护最为宝贵的价值所在。社区保护通过维护环境,保障了生态系统服务的供给。由于生态系统服务的公共物品属性,享受这一公共物品的绝不仅仅是从事保护工作的社区本身,社区从事生态保护产生了正外部性,即社区通过努力提高了生态系统服务的供给能力,造成了公共物品生产成本由社区负担,而社区以外的人能够在不支付任何成本的情况下得以享受。由于很难衡量生态服务功能的价值而准确判定社区保护的成本收益,外部人即使有为此支付的意愿,也难以真正达成交易。对于社区来讲,这样显然是有违理性的做法,因为社区承受着较高的机会成本,如对资源的直接利用(销售木材等的收益)。社区从事保护工作产生了正外部性却无法获得额外收益,显然是有失公平的。有社区之外的人"搭便车"享受了更好、更多的生态系统服务功能,增加了享受生态环境的福利却没有负担任何成本;而生产成本却由私人部门——从事保护工作的社区来承担。因此会有这样的悖论存在。如果单纯就经济理性而言,就不应该有社区保护存在,或者说让社区独自来承担保护生态环境的成本是不可持续的。我们将在后面从社区保护动力的角度来看待社区从事社区保护的具体考虑。

再来看另一个外部性问题。社区往往拥有有限的自然资源,而这些自然资源是比较典型的公共池塘资源。有别于公共物品,公共池塘资源与公共物品共同点是都具有非排他性;不同点是公共池塘资源具有竞用性,即在有限时间和空间范围内,自然资源是不可再生的,它将随着使用者的增加而减少。如果使用者持续增加,则会造成"公地悲剧"。"公地悲剧"是著名生态学家加勒特·哈丁[①]于 1968 年首次在期刊《科学》上提出的,他指出,公地悲剧是一种涉及个人利益与公共利益对资源分配有所冲突的社会陷阱。哈丁以草场牧羊为例生动地展示了"公地悲剧"的模型。这个模型说明,在有限的公共牧场上,在竞用性和非排他性的作用下,理性的牧羊人通过自身最大化收益而选择增加牧羊数量,导致草场上每一位牧羊人都按自己最大化收益来增加牧羊数量,忽略了整个草场的承载力,造成拥挤地利用公共草场资源,最终由于过度放牧导致草场退化,使得每一位牧羊人由于失去草场资源而失去收益。

"公地悲剧"是典型的负外部性的体现,负外部性增加社会负担,积累到一定程度后变成社会问题爆发出来。在社区自然资源管理方面,"公地悲剧"是经常遇到的问题。由于自然资源被恶性抢夺,超出了其本身的恢复和再生能力,导致资源利用的不可持续。

在一定条件下,公共资源排他性和竞用性是可以人为改变的,尤其是通过行政手段来改变的。最为典型的是中国草场公共物品属性的改变。从这个角度,我们可以理解为什么草原围栏工程对公共资源这两大特征产生影响。草场的使用权承包给牧民,通过围栏确定了每家每户草场的四至边界。通过行政强制将使用权私有化,从而实现排他性的目的。从土地确权的角度看,草原围栏工程有效地降低了产权纠纷的可能性;而从自然科学的角度,固定区域常年放牧会导致草场负担过重而退化。这又涉及公共资源管理需要经济目标和生态目标结合的问题。

社区保护的制度供给

根据前面的分析,由于存在外部性问题,社区保护往往需要外部干预才能得以持续。通常意义上,外部干预往往指的是向社区提供资金、技术、物资等。然而,对于社区保护而言,隐含着三层意思:一是社区开展保护行动应对的是周边生态环境的威胁,这些威胁(如盗猎、盗伐等)往往是非法活动;二是社区开展保护行动应对的是如何能够可持续利用其拥有的自然资源;三是社区开展保护行动对于社区以外的地区产生了正外部性,社区自身产生了成本收益不对等的情况,而社区外部"搭便车"享受了生态环境改善的好处。

这形成了社区保护制度供给的三个方面:第一种情况需要提供法律武器来武

---

① 加勒特·哈丁(1915—2003),著名生态学家,主要关注人口增长、自然资源和福利国家等领域。他首次提出了"公地悲剧"的理论模型。

装社区,让社区有力量抵制威胁。政府等权威部门提供法律、政策、规定等,赋予社区开展保护行动的权利,保障社区利益。第二种情况则需要有集体共识的自然资源管理方案。社区为自身的"公共池塘资源"的利用制定资源利用计划、利益分配方式、监督和激励等一整套管理制度。第三种情况则需要建立一种成本-收益平衡的机制以保障社区保护的持续性。解决社区自身收益不平衡和社区外部"搭便车"问题。

英国著名经济学家庇古①所提到的社会边际收益与私人边际收益则为解决社区保护的外部性建立了理论基础。他认为,当社会边际成本收益与私人边际成本收益相背离时,不能靠在合约中规定补偿的办法予以解决。这时市场机制无法发挥作用,即出现市场失灵,而必须依靠外部力量——政府干预加以解决。当它们不相等时,政府可以通过税收与补贴等经济干预手段使边际税率(边际补贴)等于外部边际成本(边际外部收益),使外部性"内部化"。构建这种外部性内部化的制度,就是生态补偿政策制定的核心目标。

中国政府至少在法律法规和生态补偿机制两个宏观层面给予社区保护强有力的制度供给。如前面提到的《森林法》、《野生动物保护法》是中国最早建立起来的保护生态环境及野生动植物资源的法律。中国在近10年间陆续开展的天然林保护工程、退耕还林工程、生态公益林补偿、草原生态保护补助奖励等一系列财政转移支付政策,向生态环境保护提供了大量的资金补偿,建立了一套体系较为完备、资金规模大、补偿标准稳定增长的国家大型工程项目级的生态补偿机制。同时,一些区域性的政策法规也在一定程度上因地制宜地为社区保护提供了制度保障。此外,中国政府正在探索建立一整套中国特色社会主义的生态文明制度,为生态保护提供更多制度性保障。

在微观层面,社区内部对于自然资源的可持续利用和管理则需要社区自身通过集体行动来完成内部的制度供给,尤其涉及资源、利益分配时所面临的公平和效率问题,更需要社区内部集体协商并形成一致的管理方案和执行、监督机制。

社区保护的动力难题

由于外部性问题,随着社区开展保护的机会成本越来越高,社区保护也面临着

---

① 庇古(Arthur Cecil Pigou,1877—1959),英国著名经济学家,剑桥学派的主要代表之一,是剑桥学派领袖马歇尔的继承人,被誉为"福利经济学之父"。他在1920年出版的《福利经济学》中提出了"庇古税"解决方案,目的是提倡对正外部性活动进行补贴。

动力不足的问题。但从经济理性的角度分析,社区显然是不能够长期从事社区保护的。而在现实的案例中,我们却观察到了大量社区保护实践的存在,一如 IUCN 估计,社区保护地在全球保护地中占有相当的比重。因此,这不是说由于社区理性、生态保护的外部性,就可以轻易判断社区保护的不可持续。保护生态环境已不简单是外部性本身的问题,现实中社区是有足够动力去维护生态环境,保证生态系统服务功能的有效供给的。而这一动力的保证却是更为多样化的内在和外在力量的结合。

国内外存在着大量的社区保护实践,因此,单从外部性问题来看待社区保护是否应该存在是十分片面的,也是脱离实际的。现实中的社区保护案例和经验告诉我们:至少由道德文化、法律制度、经济利益这三个层面构成了社区保护复杂的动力格局。

(1) 道德文化

道德文化层面,包括传统文化和价值观等内在因素,是社区对所处生态环境价值观形成的基础,对待野生动植物、周边的自然资源,道德文化的力量无时无刻不在起作用。道德文化对社区在心理上或精神上的约束和支持成为社区保护的首要动力。

(2) 法律制度

法律制度层面,包括法律政策、村规民约、契约等因素,是就社区个体而言的外部约束力量。法律制度对于社区而言具有强制性。法律法规需要遵守,契约一旦签订仍然需要遵守。契约是这一层面最具活力的因素,当社区保护涉及签订契约时(如,约定不能砍树),契约的甲乙双方会根据实际情况约定对方的责权利,以达到共同的保护目标。社区在采取保护行动时,需要根据契约来完成。法律制度的约束或支持是社区保护的第二层动力。

(3) 经济利益

经济利益层面的动力因素,包括资金、物质收益,以及增加社会资本的社会认同、名誉、奖励等,是目前存在最为普遍的社区保护动力要素。外部力量干预下的社区保护,最常见的是以项目的方式开展。外部力量期望社区保护达到某一目标时,往往给予社区一定激励,激励方式则是多种多样的,经济的与非经济的、物质的与非物质的。经济利益对于社区保护而言往往是最直接的和容易衡量的,对于外来干预力量也是最为有效的干预工具。在有外部支持下的社区保护,往往以项目的方式开展活动,而主流的项目化的外来干预方式使得社区保护成为有限时间、有限资金的阶段性活动,社区保护的持续性也受到项目持续性的挑战,不争的事实却是经济利益已成为社区是否接受开展保护行动的重要依据。

由于社区的多目标性,社区在从事一项活动时会综合性地考虑收益和成本。显然这种简单的成本收益计算不是社区保护动力的全部,尤其是道德文化、法律制度层面的考虑将成为"总收益"和"总成本"的一部分,而且,由于文化背景不同,不同的人、不同的社区对这种"纯收益"有着不同的考量。

从积极的一面讲,对社区保护而言,这三重动力的一个共性是帮助社区和其所处生态环境的关系可持续发展下去。道德文化的动力往往发自于社区内部,法律制度的动力往往发自于社区外部,经济利益的动力则有时发自于内部,有时发自于外部干预力量。

从道德文化层面讲,例如,中国藏族、羌族等少数民族地区的人民都有敬畏自然、崇拜自然的传统文化,对神山圣湖崇拜使得这些少数民族自发地开展保护行动、抵制破坏行为。在这些少数民族地区,道德文化的约束力较强,自发的社区保护行动也往往源自于道德文化的力量。

从法律制度层面讲,例如,中国的《森林法》、《野生动物保护法》等法律约束以及村规民约、协议等具有契约性的约束都是具有强制性的,而这种约束力量能够明确一些判断标准,即依据法律或契约的活动得到的监督或激励(既包括违法或违约得到的惩罚,也包括较好完成契约内容而得到的奖励)。

从经济利益层面讲,则包括两种情况:一是由于社区内部自身利益而自发自愿地开展保护行动;二是由于社区受到外部干预而开展社区保护行动。第一种情况往往具有持续性,因为激发了集体行动,开展保护行动是出于社区集体的目标或利益,私人成本的付出最终带来集体的收益,而这种情况下,私人的收益往往也会高于私人付出的成本。第二种情况则较为复杂,因为很难确定外部干预力量的目标或利益是否与社区的集体目标或利益相一致:如果一致,则在外部力量的帮助下,社区能够更好地开展保护行动,并且能够持续,因为这样的社区保护仍然有自发自愿的基础;如果不一致,则外部力量带着自身的目的干预社区,从而导致社区的行动不能处于自发自愿,而是为了外部力量带来的预期收益,社区仅将自身定位为"提供服务"的角色。显然,这样的社区保护(项目)是随着外部力量的持续而持续的,外部力量一旦离开,理性的社区便会终止"提供服务"。

脉络四　社区保护思想简要回顾

自 20 世纪 90 年代至今,政府、学界、社会组织相继在社区保护政策、理论和实践领域开展了长期的探索。社区保护在生态保护领域中已经成为一个主流思想,并且与体制内的保护管理相得益彰。社区保护的思想也逐渐形成政策建议、研究报告、实践案例等,并且得到林业部门甚至党中央国务院的认同和支持。

由保护区管理到社区共管

长期以来,保护区的主要任务就是划定生物多样性价值高的地块,通过专职人员对保护区进行管理。周边社区往往是保护区的最大威胁,因为"靠山吃山"等原因,社区与保护区的对立关系根深蒂固。保护区的主要工作成为利用法律或行政手段,将社区堵在保护区外,以此来保障保护区内最低限度的人为干扰。这样的好处是,保护区利用职权进行强有力的保护,只要能将人为干扰排除在外,保护区就能够得到有效保护。因此,在这个时期,保护区工作人员与社区的矛盾就在这"堵"的过程中更加突出。

社区共管是源自于保护区管理的一个概念,本世纪初期是社区共管方式萌芽并发展最快的时期。所谓社区共管,是指共同参与保护区保护管理方案的决策、实施和评估的过程,其主要目标是生物多样性保护和可持续社区发展的结合[①]。其实质是一种保护区和社区共同管理自然资源的管理模式。

由于自然资源的连续性,社区与保护区的自然资源本身并没有边界,这些没有边界的自然资源就成为保护区和社区共管的主要对象(往往在保护区周

[①] 国家林业局野生动植物保护司的全球环境基金(GEF)中国自然保护区管理项目编写的《自然保护区社区共管指南》。

边的社区,其自然资源与保护区一样也具有相当的保护价值)。从生态保护的角度或从自然资源管理的角度看,由于保护区与周边社区具有天然的连接,因此,无论由哪一方单独开展保护管理工作(事实上,保护区承担着大部分保护职能),总会有来自另一方的干扰,尤其是当保护区和社区的目标不统一而造成自然资源利用和管理上的矛盾时。因此,社区共管的首要作用就是通过内部化来缓解保护区与社区的矛盾,同时由于社区自然资源的加入,保护范围也逐渐扩大。社区共管无疑是促进保护区和社区共同管理自然资源的有效途径。通过社区共管将保护区和社区的矛盾内部化,这时,二者可以通过讨论重新梳理新的保护目标。梳理目标的过程则是保护区和社区在保护与发展中相互妥协、相互让步建立新平衡点的过程。

由职业保护到社区监测与巡护

自新中国成立以来,生态保护工作一直由体制内安排,如在自然保护区的管理体制下,国家会安排相应的工作人员开展专业的保护管理和科研工作。因此,将保护作为一个行业来看,保护工作具有一定的垄断性,而且被假定为专业、科学,必须由职业化并且有科学知识背景的人才能开展。这种垄断在保护一线表现在两个方面:一方面是由国家行政命令划出保护范围,并设立机构开展保护工作;另一方面为这些机构配置人员编制,招聘专职人员,由财政提供资金支持,由林业部门管理和提供技术指导。

随着社区参与式理念的深入,以及社区保护项目的不断探索。由社区承担一定量的保护行动被证明是切实可行的。由于仍然有很多值得保护的区域没有建立自然保护区,由垄断体制下的保护力量难以涉及这些区域,这时,社区力量的参与成为有益补充,通过基于社区来开展保护工作,推动基层在当地实施保护行动,这对于扩大保护范围,尤其是建立和恢复一些珍稀动植物的栖息地或走廊带具有十分重要的意义。因为社区对长期生活的生态环境较为熟悉,尤其对自然资源的分布、甚至野生动植物的生活习性都十分了解,所以由社区开展监测、巡护等工作会比外来人员更为方便、快捷,操作成本也较低。社区的监测和巡护在中国最早是在 10 年一次的全国大熊猫普查时得到应用,保护区工作人员与大熊猫栖息地社区人员一同在大熊猫栖息地和潜在栖息地开展阶段性的野生大熊猫监测和巡护工作。

由于目前的野外设备简便易用,只要通过参加简单培训,社区人员就可以开展一系列诸如监测、巡护等的保护工作。同时,由于社区生产生活区域就是其保护区域,社区在巡护抵制外来威胁(如盗伐、盗猎)的响应十分迅速,能够及时有效地制止破坏生态环境的行为。

如今,社区监测和巡护作为十分有效的社区保护行动已得到广泛认同,在很多的社区保护项目设计中,对社区保护行动的设计也在与时俱进,并通过社区的智慧得到创新和发展。北京大学保护生物学系博士生肖凌云正在开发一套基于社区监测获得有效科学数据的方法,该方法相继在青海三江源地区的 8 个社区得到有效实施,并从一线获得了以往需要花费大量人力、物力、财力才能获得的高频率监测数据,通过这些数据可以定量解释雪豹、岩羊与其栖息地之间的关系。

由社区参与到以社区为主体

中国西南地区很多农村社区往往就生活在生态脆弱区,这些地区的土地甚至已经承包到户,如具有生态系统服务功能的森林和草原。这意味着国家很难再通过划定保护范围、建立自然保护区来提升保护成效,并且划定保护区的成本相对较高,对国家财政是不小的挑战。

传统的自然保护区有着较为纯粹的保护目标,如野生动植物种群数量的增加、栖息地范围的扩大、生物多样性提升等等。抛开保护区与社区的复杂关系,在法律和行政体制下的自然保护区能够得到有效的保护支持,保护区管理机构作为保护区的主体主导着保护工作。

而在非保护区地区,社区保护的力量正在逐渐加强,由保护区及外部力量主导的社区参与保护正在逐渐过渡为以社区为主体开展保护工作。在很长一段时间里,倡导以自然科学为指导和依托的保护工作与社区是绝缘的,从自然科学的角度来看,社区是影响保护成效的最大障碍,甚至社区参与保护也受到质疑。然而,经过长期的实践,我们发现,在很多地区,尤其是生物多样性价值较高的非保护区地区,反而以社区开展保护工作更为有效。因为在这些区域,社区作为主体的能力、意愿和需求得到更好的尊重。事实证明,在外部力量包括资金、科学技术、管理经验等的支持下,社区同样能够做到有效的保护工作。以社区为主体强化了社区作为保护实施者的权利和义务,同时增强了社区对其所属保护区域的拥有感。

由模糊的保护到社区保护地

社区保护在业界受到的最大质疑是没有一整套类似于自然保护区的工作体系,甚至社区保护对其保护的边界范围都难以划清。如果把自然保护区的行政体系套用在社区保护的实践中,显然,社区保护还不能真正地称为保护。然而,现实中,社区保护的积极作用已经得到很多体现,尤其在有保护价值的非保护区领域,我们观察到了很多生机勃勃的社区保护案例,对社区保护的总结和反思证明从事保护工作不应该有身份的区别。

在社区保护经历多年的实践后,社区保护地成为社区开展保护工作的有效载体。关于社区保护地的理论也日趋成熟。由于社区保护地是一个地块概念,因此,首先最重要的就是地块的权属和边界的概念,这有效地弥补了社区保护总是单纯以松散的行动的方式出现的不足。落实到地块的社区保护更显示出了其生命力。根据 IUCN 对社区保护地的理解,它与自然保护区同属于不同的治理结构。自然保护区是中国在行政体制下,通过立法而建立的以保护为主要目的的区域。而社区保护地是以社区集体为基础,通过社区内部治理而建立的一定范围的保护区域。自然保护区与社区保护地相同的是具有明确的地块界限和明确的保护目标、保护对象及保护成效的评估。因此,社区保护地是中国未来非自然保护区的发展方向。

外部视角下的社区保护

社区保护作为一个由外部力量定义、支持和宣传的保护方式往往处于被推动向前的状态。在很多情况下,我们看到由外部力量将社区保护的目标强加到社区,并推动建立示范,进而向其他社区推广。中国推动社区保护的外部力量主要有两个:一是政府的政策法规,是从发展的眼光看待社区保护;一是社会组织,是从公益的角度看待社区保护。由于视角不同,对社区保护采取的策略也有所不同。

(1) 从政府政策法规视角看待社区保护

无论是社区还是保护政策法规的制定,都是为了能够建立起统一完整的社会管理体系,社区保护也应该在这个体系下得到有效管理和发展。由于中国主体功能区的划分政策,地处保护价值较高的社区往往处于禁止开发区或限制开发区,这就意味着,社区在利用周边自然资源发展的同时受到种种限制。出于生态安全的考虑,社区不能充分利用其所拥有的自然资源,这导致社区发展机会成本的上升,受到的限制条件越多,其发展的机会成本越高。因此,社区应当得到生态补偿来弥补这样的机会成本。中国政府出台了一系列政策,通过财政转移支付,为这些社区提供了诸如生态公益林补偿、草原生态保护补助奖励等生态补偿。

（2）从社会组织的视角看待社区保护

社会组织往往从公益的角度推动社区保护工作,这使得这类组织往往在进入社区时带有很强的目的性,即鼓励和支持社区开展保护行动。而这类组织为社区提供相关的项目来为社区开展的正外部性活动进行补偿。

（3）社区保护的提升空间

上述两大外部力量的干预为社区保护提供了巨大支持,然而无论是来自转移支付的生态补偿,还是来自社会组织的公益项目,都还有很大的提升空间。政府财力有限,现有针对生态的财政转移支付力度仍然有限,在大部分地区面临着补偿标准不高,还不能弥补社区的机会成本的情况;而如果按照机会成本的方法来计算补偿标准则又存在效率问题。值得借鉴的是现行针对家庭农场的政策,补偿政策应转向扶持真正从事农业生产的人,而不是以户籍为标准的"撒胡椒面"、没有多大的成效的补偿。同样,于社区保护而言,应坚持"谁承担保护责任,谁获得补贴",而为了不改变以往的利益分配格局,这一补贴相对于以往的补贴是一个增量,这就在坚持效率的同时保障了生态补偿的公平性原则。

案例篇

社区保护的观察

案例一　守护茶乡的集体行动^①

缘起

　　我们通常认为,只要社区的人在当地参与保护行动就是社区保护的范畴。然而,社区保护是外部视角的概念,从学科角度来看,它涉及政治学、经济学、社会学等诸多学科;而从社区保护项目实践者角度,社区保护表面上是关于自然资源的利用和保护的一系列活动,实则包含着丰富的乡村治理因素,尤其是人地关系的复杂程度远远超出了社区保护本身的范畴。

　　很多社区保护项目的实施,使得外来干预者不但需要解决十分具体的问题(例如,要有明确的大熊猫及其栖息地保护成效),同时又需要面对社区十分综合的诉求(例如,公平问题),其中乡村治理是无法回避的现实问题。社区组织、精英及他们确立的制度都发挥着重要作用,下面我们以一个小村子——李子坝的案例来介绍一段不寻常的社区保护历史。

　　李子坝是一个东西向四面环山的"船形"小村子,行政上属甘肃省陇南市文县碧口镇,地理位置却十分尴尬,距四川省青川县仅十多分钟车程,语言、生活习惯等与青川别无二致,贯穿村内 11 千米长的李子坝河是青川县 9 万人的水源地。李子坝处于白水江国家级自然保护区的实验区内,是保护区内唯一的村,距离保护站有 3 小时车程;因保护站距离较远,李子坝在一定程度上也承担了保护林地的职能。

　　保护区独特的气候条件使得李子坝现已发展成为拥有 4500 余亩茶树的规模化专业茶村,在甘肃、四川远近闻名。一个仅有 700 多人左右的小村子却坐拥

---

　　① 部分内容通过采访李子坝村书记马小伦、前任村书记王安全获得。

10 000余亩林地资源,优势十分明显。虽然身处保护区,林木本身却没有为村里带来更多收益,反而造就了一段轰轰烈烈的社区保护历史。

触目惊心的砍伐

在大集体时代(20世纪70～80年代),砍木头是当地的习惯,主要用于满足修建房屋、烧柴等基本生产生活需求。那时,在青川县的几个村子由于林木资源质量没有李子坝好,为了修房子,青川村民也会来到李子坝砍伐,但数量不多,每年仅3～5起;而李子坝大队也会去巡山查林,发现偷伐者就会带领当地村民进行驱赶,当时保护森林的压力并不大。

到了八九十年代,砍伐、烧炭、打猎成为导致李子坝自然资源被破坏的最严重的三大问题。很容易想象,由于地处偏远,在缺乏有力约束的情况下,森林、野生动植物资源的结局,无序的采挖和砍伐使原始森林遭到严重破坏。然而问题并不止于此,因觊觎李子坝丰富的林木及野生动物资源,周边青川县几个村子的村民纷纷来到李子坝砍伐、打猎,场面一度失控。

1990～2003年被当地人认为是砍伐最严重的十多年。当时,青川有个国有企业——万众机械加工厂,工人会加工家具、菜墩在青川市场销售,李子坝的木头是加工这些产品的主要来源。距离较近的青川大沟村,由于自身没有好的林木资源,大沟村村民常会到李子坝村的林子来砍伐、背木头,大沟村的砍伐又引来附近其他乡村民的参与。随着林木市场的猖獗,砍伐工具也越来越先进,砍伐从刀斧的声音升级到电锯的声音,砍伐量与日俱增。最严重时,每天在路上背木头的就有上百人,李子坝南坡几千亩山林可用的木材几乎被砍光,北坡已开始大面积砍伐。甚至有用的比较直的树被砍完后,外来村民又砍弯的树用来做砧板。村支书马小伦说:"当时,基本整个四川省的菜墩都是我们(李子坝)这里出的。"

天然林保卫战

围绕着林木资源利用的冲突,面对外人进村的砍伐行为,李子坝村民展开了长达十多年的森林资源保护与争夺战。

刚开始,青川人到李子坝还是砍伐地势较高的国有林,当国有林被基本砍完后,青川的村民就把目标转到李子坝村民的柴山上。每次偷伐都遭到当地村民的阻拦,也发生了多次冲突,甚至出现打架斗殴。据前任村支书王安全介绍,1995年时,村小学教师季老师的父亲季德瑞就因带头阻止砍伐被打伤。当时,村民自发组织围堵 25 名砍伐者,并没收了他们的砍伐工具。这 25 人逃跑后不服气,又回来将季德瑞打了一顿。由于青川是李子坝村民出门赶集的必经之路,在冲突最厉害的时候,李子坝村民路过大沟村时也要小心翼翼,看到外村人到自己的柴山上砍伐时都敢怒不敢言。有时还会碰到外村人寻事,李子坝村民感到人身安全都得不到保障。面对这样疯狂的砍伐,很多村民觉得会影响自己今后的利益。一时间,无论本地村民还是外村人都开始疯狂地砍伐,也不管是在缓冲区还是核心区。李子坝村民将山上的松树砍回来,或卖掉,或留在屋里作为以后修房子的备料。

正是这段时间,李子坝的茶叶在市场上得到认可。而炒茶要用木炭,村民都会在柴山上就地取材、挖窑制炭。这使得砍伐有了新的增长点,很多村民将用不完的木头存放在家里,最多时几乎每家都存放着成千上万斤的木头,经济条件不好的村民也会用车将部分木头拉到外边去销售。而没有劳动力的家庭一般会雇佣青川人到自家山上烧炭,同时按照几分钱一斤炭的标准,确定一个很低的分成比例。

虽然李子坝的茶产业逐渐壮大,村民收益不断提高,砍伐却从未停止,当 1999 年公路修通时,木材运输已经从人背马驮变成汽车运输,一场新的较量由此展开。外村人在保护区核心区还违规建造了一个木材地板料采伐场,经济效益很高,修的路如同为他人做的嫁衣,方便了外村人的采伐。这时,李子坝的村民已经积累了丰富的保护经验,知道盲目地阻止砍伐不能解决问题,他们学会充分利用法律政策保护自己。

1999 年,国家颁布法律,规定天然林禁伐,然而李子坝地处偏远,且青川村民来李子坝也钻了法律的空子,四川的执法部门没有权力在甘肃境内执法。而甘肃交通条件较不便,李子坝距离文县县城 100 多千米,因此,村民的多次举报都不能现场抓捕盗伐、盗猎者。李子坝的盗伐、盗猎现象仍然得不到制止,而且愈演愈烈。2000 年 4 月,村里的一位年轻的高中生,写了一封信——《发生在大熊猫故乡的特大毁林案》,信中详细描写了当时触目惊心的砍伐场景,并交给了当时的村长马小伦(现已为村支书)。马小伦不敢怠慢,在碧口镇的一次会议上,当场宣读了这封信,并提议上报国家林业局。这一想法得到了镇长、副镇长的支持,于是马小伦安排该村民将信件打印出来寄送到国家林业局,并承诺如果砍伐能被有效制止,就给予该村民奖励。

当年“五一”长假期间,青川林业局和公安局、文县林业局和公安局、碧口镇政府和公安局全副武装二三十人来到李子坝,李子坝迎来了有史以来第一次跨省的联合执法。马小伦猜想,一定是上访信起了作用,中央给甘肃、四川的林业厅都做了批示,连"五一"长假都没休息就赶过来了。因为有人通风报信,在执法队伍赶到以前,砍地板料的人都已撤走,执法队伍在李子坝待了好几天也没有抓住违法者。后来该案件被列为当年全国53个林政大案之一。

执法风波过后,烧炭、砍伐、打猎依旧。那两三年间,李子坝所有的村民都以制茶为借口开炭窑烧炭,甚至有的家庭开2~3个炭窑,每天早上全村都弥漫着烟雾。据估计,全村每年至少要烧出4000~5000万斤木炭。

尽管抓捕乱砍滥伐的行动没有成功,但该事件依然得到了两县政府、林业局和保护区的高度关注。针对打击盗伐现象,李子坝得到新任副县长梁志军的大力支持。2003年元月,接到群众举报后,文县和青川县政府、公安局以及白水江保护区森林公安又一次展开联合执法,分别从三个方向包抄砍伐地点,虽然这一次在现场没有抓到人,但根据线索,在青川抓住了盗伐者。不仅如此,梁县长率队与公安人员共赴李子坝村,抓获当地村民3人,其中,马小伦的表亲正在烧炭、村副主任的儿子和王安全的女婿在帮助地板料场开车。王安全因没有管好家人,也辞去村支书职务。自此,青川村民跨界砍伐终于有所收敛,大规模的砍伐总算停息了。

成立自己的护林队

经过这次事件,马小伦一心想成立一只自己的护林队,他找到县政府和保护区,提出三个要求:第一,县里和保护区要支持护林队,队员上报案情后应及时派人到现场处理;第二,要为护林队员发证、赋权;第三、要配发统一的巡护服装。梁副县长对此表示十分支持,并一次性划拨2万元资金用于护林队运营。

接下来就是组建队伍,人员是一个大问题。马小伦找到任华章(2007年当选为村长),担心任华章不愿参与,便用激将法问到:"你敢当护林队长吗?你当过兵,在地方公安又干了6年,有一些经验,如果你都不敢当,就没人敢当了。"任华章爽快地答应了。于是,两人商量着列出了包括各社社长在内的20人护林队员名单,挨家挨户地说服他们加入。也许是联合执法的成效让村民对保护林地有了信心,虽然没有报酬,这20人全都答应了。

任华章上任的第一个目标就是捣毁山上的所有炭窑。因触及到村民利益,事先队员们用了一周时间挨家挨户宣传法律政策,禁止大家烧炭。就在护林队成立的第二周,开始上山捣毁炭窑,一口气捣毁国有林地和村有林地中的炭窑50多口。任华章说:"砸炭窑也得罪了本村的人,我知道当时有一部分人是相当恨我的,因为是我带头的。但既然做了就要想办法管好,要管好就必须要斗硬(四川话),不然就像以前一样混了,林子照样没有管好,没有意思。"因有政府和保护站的大力支持,护林队在砸炭窑的事情上十分强硬,烧炭就这样被制止了。

护林队的第二个目标是制止砍伐木材。当时对于破坏行为的规定是:逮住就当场罚款,如果反抗就上报保护站处理。不仅如此,队员们还想方设法扩大声势,他们穿着巡护服,骑着摩托车,拉起警报在青川和李子坝之间往返,想以此威慑偷伐木头的人,使他们不敢再犯。任华章还鼓励村民多举报,举报属实奖励 10～20 元。自政府、公安局的第二次联合执法之后,大规模的砍伐已经制止,但仍有不法分子存在侥幸心理,继续到李子坝生事。2005 年,有人举报大沟村的人来偷伐木材,任华章带人赶到现场。在现场,偷伐者不服管理,还漫骂护林队员,最终仅在口头批评之后,他们将偷木材者赶走了。回来后,任华章向马小伦汇报了事情经过,马小伦立马骑摩托车赶去,把现场留下的木头拉回来,并与任华章到偷伐者家里对质。原来盗伐者仰仗自己是某保护区管理局领导的亲属,不服管理。马小伦对此没有手软,坚持罚款 300 元。最后因为偷伐者家境困难,允许其上交 100 元罚款。

护林队对村内的监督也没有放松,入户检查时,只要屋里有木头的就罚款,但都是象征性地教育或小处罚一下,毕竟和这拉木头出去贩卖的性质不同。如今,虽然盗伐没有得到彻底遏制,但大规模的砍伐已经停止,仅偶尔会有外村人偷偷上山,一旦被护林队抓住后都会受到严惩。在巡护期间,护林队与保护区约定,只要情况上报到保护区,说明问题会比较严重,保护区也要认真对待,严肃处理。2012 年,经举报有人在村上盗伐乌果子树(冒充乌木来卖),护林队现场抓住后上报了保护站,保护站立即赶到现场巡查,并转交到公安局立案调查,经审问,被抓的人还供出了另外 3 人,最终不但没收了电锯、斧头等作案工具,每人处以 1000 元罚款。

护林队的第三个目标——制止打猎。这是难度最大的,对护林员的触动也很大。2007 年 10 月份,有村民打电话举报说核心区有枪声,任华章带着队员们去围堵,但一晚上没见到盗猎的人。任华章没有放弃,第二天派了一名队员上山,走到半山腰时就听见了有猎狗在叫。队员回来与大家分析:已经第二天了,他们肯定要下来的。队员们就从白天一直等到晚上,最终有 4 个人出来了,都背着枪和编织袋。队员们立马围追堵截,盗猎分子一路逃跑。最终抓到一个,并找出了藏在树林里的 4 袋羚牛肉。因盗猎分子情节严重,护林队直接将其移交给保护区公安局,公安局人赃并获。2008 年该盗猎分子被判了 4 年有期徒刑。2011 年过春节前才刑满释放,该罪犯回来后到村上找到任华章,说:"因为你,我被判了刑,你要对我这 4 年负责,要赔钱!我现在没有老婆没有孩子,我想得通我就想,想不通就来找你。"

任华章并没有害怕："当时别人跑了就不说了,我们抓到你,你一点态度都没有,你违反了国家法律,不是我任华章的法律,我是护林队长,这是我的分内事。你在监狱几年肯定学了很多法律知识,现在应该好好做人,挣钱取个媳妇,以后还可以发展。如果走极端,你肯定还要第二次进监狱。你对我做什么我也不在乎,我敢动你就不会怕你,我是为公,我出了什么问题,我背后还有一级组织,但是我劝你不要这样。"看到他没话说,任华章继续说："以后你不管多远到我这儿来,我随时欢迎。希望你回去与亲戚朋友多沟通,听下他们的意见。你报复我,我不在乎,这些年得罪的也不是你一个了,你目前的想法,考虑得不成熟,希望三思而后行。"之后,这名盗猎者再也没有找过任华章。当时供出的另外 3 名嫌犯一直在逃,直到 2012 年终才到县公安局自首。

如今,护林工作压力没有前几年那么大了,一般接到举报才会上山。巡护服装一穿就是六年,有的都穿破了,但对于护林队员而言,这是守护李子坝的强有力的武器。由于护林队工作出色,且对地形、地貌十分了解,每当保护区开展监测样线巡护时,也都会请巡护队员一起上山做向导。

为了更好地对接一些公益组织的环保项目,巡护队转型成立了环境保护协会,先后与兰州大学、山水自然保护中心等机构开展了多年的项目合作。马小伦在兰州大学韦惠兰教授的支持下,起草了关于向青川县争取水资源生态补偿的提案。提案中详细地阐述了李子坝为保护青川县水源地所做出的努力,同时也因此所失去的很多发展机会,希望青川县通过下游支付上游的方法给予李子坝以生态补偿。现在马小伦正准备找寻适宜的机会将报告提交给青川县政府。

新的挑战

轰轰烈烈的护林行动取得了显著的成效。随着管护压力的减小,护林队的工作也没有以前那么密集了,队员们之间的交往也因新的生活目标逐渐变淡,2008年"5·12"大地震使李子坝遭受了很大经济损失,所幸的是没有人员伤亡。但是,地震后劳动力价格上涨,当时年轻的护林员们,现在有的结婚,有的有了孩子,有的家庭条件不好要出去打工挣钱,种种原因让护林队不再那么有凝聚力,很多队员申请退出护林队,也有队员提出巡山应该有误工费补贴。对此,队员们也经常讨论:李子坝护林队的历史使命是否已经完成?

由于护林队的成功,涌现出了马小伦、任华章等有魄力和号召力的社区精英,他们同时也影响着社区发展的其他方面。后来,马小伦重点关注村子的产业发展和环境卫生事业。也引入了不少投资项目,在村主干道上安放分类垃圾桶,还向乡里申请来了十多辆小型垃圾车,还申请了每年 12 000 元资金,用于雇人清理道路上的垃圾。一时间很多资源、项目也按照他们的想法在村上落实,社区的公平性问题开始涌现,有些村民开始反映村干部垄断资源等问题。

天然林禁伐等政策环境的有利变化、茶叶产业的发展使得李子坝村民对森林资源的依赖性降低,保护森林和水源进一步提高了茶叶品质,并得到了外部市场的追捧,这一切使得李子坝能够依托保护区的生态环境实现增收。

利益和冲突是永远绑在一起的两兄弟。大沟村由于没有李子坝那么好的资源条件,唯有靠着李子坝的资源生存,从而与李子坝产生了利益冲突。加之对森林资源的无序利用,破坏了当地森林资源管理的使用习惯和秩序,最终引起了李子坝村全体村民的强烈反抗。在中国,还有许多地方有与李子坝类似的情况。

从乡村治理的角度来看,社区精英在带领社区集体参与抵制外来威胁、推动落实保护的活动中起到了重要作用。然而,李子坝的案例也让我们看到,面对外来威胁时能够一条心,一致对外,这是因为他们是利益共同体,再加上一两个有魄力的精英牵头,他们就能很好地守护自己的家园。但面对自身的发展时,尤其是精英在分配村内资源具有太多话语权时,社区分散的一面又体现出来了。

李子坝村的现象让我们反思:制度的有效性是需要通过一两个精英来维持,还是应该由一个机制化、常态化的社区参与来实现?精英离开后,制度应如何延续?社区参与应该由谁来推动?改变社区治理结构是一个伤筋动骨的事情,需要时间和耐心。李子坝村的精英们设计了护林的规则制度,并带头落实,敢于碰硬,其积极意义不言而喻,但这是完全依靠精英或组织来推动的过程,如果马小伦退休(明年已年满 60 岁),那么这些用血汗换来的制度又将如何走下去呢?

评论

霍伟亚(青年环境评论主编)

李子坝自发的保护源自长期积累的情感,如今的生态环境和当年的乱砍滥伐相比,是一种付出的收获。对于李子坝人来说,这已不单单是因为要茶叶质量好而保护环境这么简单。在经过这么多年为保护而斗争的过程,我们有理由相信,这种情感已经沉淀下来了,这段精彩的故事也会不断传承下去。

李晟之(四川省社会科学院农村发展研究所副所长)

由于公平性问题,四川人来本村砍树没人管,自己人又不能砍树,一系列的保护行动油然而生。"守护茶乡"这个案例很好地反映了社区保护的复杂性,尤其引发了保护到底是目标还是手段的争论。

不少人认为案例表明李子坝村村民环境意识的自我觉醒,社区群众的自发组织,保护已经内生为村民们自发的需求,并成为大部分村民的目标。这是一个内生式保护的良好例子。这也是李子坝村能够被社会承认,获得福特汽车环保奖(2007年)和阿拉善生态奖(2009年)的主要原因。

但也有些研究者对于李子坝村开展保护作出如下的假设:

① 村民们饱受邻近的外省社区的欺负,需要利用政府力量捍卫自身的尊严。天然林停伐和天保工程实施正好促使村民们选择保护作为实现自身尊严的工具。

② 以马小伦为代表的新一代村领导人需要提高领导力,加强乡村治理的能力。受到村民们拥护和外界支持的巡护队正好是村干部实现乡村政治抱负的工具。

如果这两个假设全部或部分成立,村民们并非如很多人想象般单纯:保护并非社区的目标而是社区聪明地根据宏观环境选择实现某种意图的手段。

案例中反映,李子坝村村民也曾砍伐林木,也有村民从事盗猎或烧炭,当保护成为村中的社区精英们实现政治目标的工具,这些资源破坏性行为就会在社区内被制约。但当保护并不能帮助实现政治目标,或者当马小伦等被新的社区精英们所取代,李子坝村保护的传统能否被延续是值得怀疑的。

为了延续李子坝村的社区保护,仅仅提供诸如巡护装备,甚至经济激励是不够的。还需要从社区保护主体建设的角度,审视保护在乡村治理中的作用,使保护能够帮助社区精英们实现乡村治理的目标。保护也许仅仅是一个手段,如果这个手段能够让社区内外更多的人能够实现各自的目标,保护的成效和持续性就会更强。

冯杰(山水自然保护中心西南山地社区保护项目主任)

面对社区,保护和收益是需要挂钩的,没有利益很难调动参与保护的积极性。

胡敏(志愿者)

对于非政府组织(NGO)来讲,开展项目或许会看重社区精英的力量,以此作为开展项目最有效的手段。马书记毫无疑问是作为这个村子精英存在的,而他对于村子的看法、对于外来介入力量的观感,相信也能对 NGO 有不小的影响。

案例二　青藏高原上的社区保护

缘起

　　2013 年 3 月,山水自然保护中心的研究人员来到了向往已久的措池村,已经做了十多年村书记的尕玛说:"我们牧民很看重这样(保护草原)的权利,这对我们很重要。"走进尕玛家里,我们看到所有墙壁上都挂着野生动物的照片,以及当时项目工作人员、科学工作者的工作照片。一张最醒目的野生动物物种分布图挂在墙的正中间,是由北京大学科学家制作的。还有各种关于保护工作的荣誉证书、"草原生态文化节"的奖励证书都摆在桌子上。有些照片显然已经很多年了,但依然保存得很好。随后,尕玛拿出这几年的巡护记录表和笔记本,上面用藏汉双语写着每次巡护的记录。所有的照片、文本资料、移动硬盘等都收纳在精致小巧的铁盒子里,尕玛依依拿出来给我们展示,他的汉语带有浓厚的藏语口音,但不妨碍他为我们井井有条地讲述着野牦牛守望者的历史。

　　措池,隶属于青海省玉树藏族自治州曲麻莱县曲麻河乡,藏语的意思是"万湖",因原居住地湖泊星罗棋布而得名,后来迁移至此沿用至今。如今,措池是一个仅有 120 多户牧民的纯牧业村,坐落在海拔 4600 米的长江源头——三江源保护区的核心区域。这里的牧民世代以草原为生、以牛羊为伴,千百年以相同的方式守护着这片圣洁的高山草原,承载着历史悠久的游牧文化,享受着与大自然融为一体的生活和藏传佛教的洗礼。当地的牧民告诉我们,牦牛被誉为草原上的黑珍珠,特有而珍贵,牦牛就像家人一样,甚至有的牦牛都有自己的名字,村民们都认得出自己的牦牛。这里出产上等的酥油,每到一家,主人家都会捧上一杯热气腾腾的酥油茶款待客人。曲麻河乡政府还专门成立了统购统销的酥油协会,每年将全乡 4 个村的酥油稳定销往拉萨,据说在拉萨当地也是小有名气,价格比其他品牌的高一些,酥油是当地百姓的重要收入来源。

在藏传佛教不杀生的理念和游牧的传统生活方式里,即使生活再拮据,措池的村民也不会去卖牦牛。然而,最近几年,由于交通条件改善,外地的牦牛市场渠道被打通,据说个别贫困的牧民每年会偷偷卖掉1~2头牦牛维持生计。在村民的眼里,卖牦牛是很不仁慈的手段。牦牛的数量是依靠草原牧草量来调节的,如果牦牛数量多了,到了冬天牧草紧缺的时候,牦牛饿死、冻死的情况就会增多;反之,草场茂盛的时节,牦牛的数量也会增多,相应的,酥油和牦牛奶就会获得丰收。所以,牦牛数量就这样处于动态平衡中,不会多也不会少,牧民们相信,祖先在这里生活了上千年,有山神的保佑,自己的后代也可以这样一直幸福地生活下去。

从巡护小组到野牦牛守望者协会

措池村的生物多样性脆弱而丰富,有着藏羚羊、野牦牛、藏野驴、雪豹、白唇鹿等珍稀的野生动物,其所处的三江源保护区是长江、黄河、澜沧江的发源地,被誉为"中华水塔",也是欧亚大陆上孕育大江、大河最多的区域,总面积达到15.23万平方千米,其生态价值不言而喻。然而,这片土地的生态系统正在以我们难以想象的速度恶化,草场退化、冰川融化、水土流失、野生动物减少,大自然在以各种方式表达着不满的情绪。其实,人为因素是导致这样后果的重要原因,自20世纪90年代以来,一些逐利者看到措池丰富的野生动植物资源,开始了无情地掠夺。外来的力量打破了措池的生态平衡和宁静,偷猎、盗猎使得以藏羚羊、野牦牛为代表的野生动物大量减少,野生动物遭到一场劫难。面对措池遭到种种危险和破坏,面对着众多环保人士的热心支持,措池村民说:"我们最需要的支持并不是钱,而是保护这里的权力!我们不愿意看到外来的人到这里猎杀野生动物!"这也是当地活佛在讲经时一直倡导的,希望大家一起保护自己的家园。

2002年,几名对野牦牛十分关注的牧民留意到野生动物的变化,开始对野牦牛进行观察,并开始了一些松散的保护活动,如驱赶盗猎者。出于热爱和对草原的熟悉,这些牧民对野牦牛的生活习性、活动范围等有了初步的了解。然而,外来的威胁随着野生动物市场的膨胀而增多,这几位牧民便开始谋划着如何能够对付盗猎者的威胁。这个时期,生态保护也是三江源区域的主旋律,其中比较突出的是三江源生态保护协会,其生态保护工作的影响范围不断扩大。也是借鉴了该协会的经验,这几位措池牧民首先组成了13人的巡护小组,在盗猎频繁的季节组织巡护,阻止偷盗猎行为。

经过 1 年多的摸索，为了更有效地阻止外来的威胁，在三江源保护协会等环保公益组织的帮助下，2004 年 12 月，以这 13 位牧民为核心，成立了非正式的保护协会，并取了一个很响亮的名字——"野牦牛守望者"。一个自发的、草根的保护组织就此诞生，开始了曲折的社区保护之旅。

2006 年，在三江源保护协会引荐下，"野牦牛守望者"受到的外界支持进一步增多。9 月份，在知名环保公益组织——保护国际的支持下，一个叫"协议保护"的社区保护项目在措池落地，为期两年，目的是协同三江源保护区管理局、三江源生态保护协会支持措池社区开展保护工作。该项目活动通过三江源保护区管理局授权，将保护权移交给社区，由社区开展保护行动。三江源保护区管理局为巡护队员派发巡护证，明确巡护权限。自此，措池人对草原进行的巡护有了官方授权，可以理直气壮地制止偷盗猎行为，甚至挖矿行为，但保护权是有严格界定的，并不包括行政执法的权利。此外，该项目还组织了一年一度的生态文化节，开展环境教育和宣传，对全乡的 4 个村的保护行动进行评选，并予以纪念奖。协议保护项目结束后，三江源生态保护协会将举办文化节的活动坚持了下来，至今已经第 8 个年头了，已成为当地的重要节日。

2006—2008 年期间，野牦牛守望者协会共制止 4 次外来人员的盗猎事件。另外，措池人通过监测，了解了野生动物的迁徙及活动规律，他们划定了 5 个野生动物保护小区、13 个水源保护地，让出 3 条野生动物迁徙通道，在野生动物繁殖及迁徙期划定 3 块季节禁牧区，划定 3 块永久禁牧区，有效地促进了野生动植物及其栖息地的恢复。社区保护队伍在逐渐壮大，如今，13 人的保护队伍已经成长为会员达 75 名的野牦牛守望者协会。不仅如此，自牧民学会通过监测手段观察野牦牛后，措池人也开始了自己的"试验"：2006 年，5 户牧民担心放牧影响野牦牛的生存，他们与三江源生态保护协会讨论后，决定全部搬出这片草场。令人意外的是，在接下来的几年里，他们通过监测发现，野牦牛也彻底放弃了那片草场。事后分析，可能有两个原因：一个是盗猎；另一个是由于失去了放牧的干扰，草质变得又老又粗糙，野牦牛不爱吃。因此，其中 3 户牧民又决定搬回去与野牦牛共同生活。

2010 年 1 月，基于第一期的成果，在山水自然保护中心的支持下，为期两年的协议保护项目第二期启动。这次有了更加明确的目标，牧民们对于技术、设备等也更加熟悉，保护行动也更具有针对性。措池村从自发保护开始，受到外部力量的支持，再到自身的坚持，前后已持续了近 10 年。无论科学监测，还是普通观察都能看出措池的保护成效，野牦牛等野生动物在更多的区域出现了。北京大学一名学生宋瑞玲在驻点研究措池期间的博客中写道:"尕玛书记说,协议保护后,他有机会去了很多地方。现在他发现仍然最喜欢在措池。因为这里到处都能见到的野生动物,是别的地方没有的。"

然而,措池的保护成效却很难获得外界的认可并支持。究其原因,除了自然因素外,更在于无论从公益组织还是政府部门都需要科学的、具体的、准确的数据支撑,以开展精确度更高的项目;而刚开始熟悉监测方法的牧民所获取数据的准确性还无法满足项目的高要求,而且牧民对于仪器设备的使用还需要进一步熟悉。因此,一位在措池村做社区保护项目的负责人介绍:"新一期社区保护项目,将在科学监测技术传播、方法改良、更好更易用的设备的配置方面给措池的社区保护以更多的支持。"

赋权让措池人更具活力

中国以赋权给社区的方式开展保护工作启蒙自 80 年代,兴旺于 90 年代,随着社区参与式理念的广泛传播,一个个鲜活的案例持续到现在,经验和教训也同时在社区保护实践中积累着。赋权这个具有时代意义的响亮名词,能够给措池带来怎样的变化我们不能预测;但措池人在反对偷盗猎的行为时更加理直气壮,更加坚决,能够使他们更有力量地抵制外来威胁,说明保护权赋予社区后发挥了很大的作用。

合理的赋权可以产生巨大的能量。最著名例子是中国改革开放后的家庭联产承包责任制,土地的所有权和使用权分开了,在所有制仍然坚持公有的基础上,将使用权承包给农户,允许农民自主经营土地。自此,土地使用权通过法律正式赋予了百姓,换来了农业生产的飞跃时期,农业生产积极性和生产效率都得到大幅提升;同时,也证明中国广大农民始终是不缺乏创造力和大无畏精神的。此后,借鉴了承包到户的方法,林地、草场也被划分到林农和牧民,赋予了农民最大化的土地使用权。

在自然保护领域,尤其是自然保护区,法律上也存在着类似的权力安排——保护和管理权力,在最初的制度设计上,这个权力集中在当地保护区管理机构,由《自然保护区条例》赋予各保护区管理局,由各管理局在划定的范围内负责实施。由于很多保护区地广人稀,政府在保护和管理已探索了几十年,投入了大量财力,但在保护上仍显不足,像个无底洞。自然资源的过度利用和保护成了一对宿敌,矛盾不可调和,大部分保护区的自然资源管理"一抓就喊,一放就乱"的情况反反复复、张弛无常。生活在当地的百姓也都经历着、参与着，与保护区的关系也伴随着自然保护事业起起伏伏。

野生牦牛守望者协会的13人巡护小组在一开始的巡护中就碰到了难题，外来偷猎人质疑他们的权力："你们又不是政府的人，有什么权力阻止打猎？"这深深地刺激了巡护小组，使他们更渴望拥有保护的权力。而政府、公益组织力量的集结促成了这件事情，并以协议保护项目的方式落地。协议保护项目官员和三江源保护区管理局在保护工作总结时也强调："授权让措池村民在全村共2440平方千米的土地上进行监测巡护。"虽然，巡护证是因为项目才颁发的，但因为它由管理局盖章、签发，把权力具象在巡护小组成员的手里，他们被授权和认同的作用一直延续至今，现在每一位巡护队员还保留着当时统一发放的巡护证，每次巡护时还会随身携带。虽然未经保护区管理局同意，队员们还为巡护车辆喷上了巡护、检查的字样，对盗猎者起到有效的威慑作用。在牧区，像这样合理而不合法的事情很多，但作为一种正能量，正在逐渐被赋予更多的权力和自由度，虽然有风险，但也有其积极的一面。强烈的拥有感、认同感是尕玛和队员们坚持下来的动力，经过全村人的共同努力，措池的偷盗猎行为已经大为减少。走在措池草原上，随处可见活泼的野生动物在那里繁衍生息，甚至对于过往车辆的避让也不太敏感，以前难以见到的野生动物也都相继出现了。

通过社区保护也解决了保护区管理局的难题。三江源保护区面积广阔，而管理局仅有十多名工作人员，加上高海拔环境，在有限的时间要跑完整个保护区几乎是不可能的。当地人对草原的熟悉程度要远远高于保护区工作人员，他们才是天然的守护者。

措池人的多重目标

在游牧文化和佛教文化中，与大自然和谐共处，因为保护而得到大自然的馈赠是一件幸福而值得骄傲的事，对此，措池人深信不疑。他们深知，唯有保护好草原的所有生灵，牛羊及牧民自身的健康才能得到保护。基于传统文化的保护动力，措池人心里的每一座雪山、每一泊湖水都有一个神灵在保护，那里的一草一木都是受到保佑的，一样有生命，不能破坏。

一些推崇"理性"的经济学理论在措池似乎是失灵的。著名的经济学家、社会学家奥尔森在他经典的著作《集体行动的逻辑》中认为，即使是集体行动也是因为有共同目标，并在自利基础上做出的选择。措池人组成协会，不计报酬地去巡护、监测野生动物,甚至划出专门的草场来为野牦牛提供生存空间。外界不明白,为何措池的牧民会如此有奉献精神,为了保护生态,不畏艰苦,不怕费时费力,有时还需要自己搭上汽油费。

由于受游牧文化、佛教文化、传统知识的影响,措池人有着共同的目标,就是与大自然和谐相处,这并非在语言上,而是以真实行动来表达的。所谓的个人利益也不仅仅局限在物质层面上,在措池,文化的因素更加浓厚,牧民对生命的态度更加直接,甚至可以说他们的世界观和价值观在一个完全不同的层面。因为与外界有太不一样的价值观,也就无法去说理性的标准了。此外,还有我们很少知道的一面:长期固定的家牦牛种群会产生品种的退化,野牦牛能够为牧民的牦牛带来优良的基因,保护野牦牛就等于维持了游牧的可持续性,在高寒地区家牦牛品种的改良也仅有野牦牛这一条渠道。同时,措池人认为草原上的动植物是紧密关联的,野牦牛和其他所有野生动物同样是措池的家庭成员,都应该积极地保护。

所以,正是这样的文化和经济背景,决定了野牦牛在措池人心中独特的地位。在我们看来,这也是为什么牧民看到野牦牛减少后,情愿让出自己的草场为野牦牛的生存留足空间的原因。通过3年的努力,野牦牛的守望初见成效,在措池的草原上野牦牛多了起来,这无疑是大草原馈赠给措池牧民最好的礼物。

虽然生态保护需要更多的人一起来行动,外部环境也发生很大的变化,自政府移民定居工程将措池人搬迁了一部分后,仍然有很多牧户在没有政策扶持下,主动移民搬迁,有的是为了子女教育,有的是为了享受城市生活。牧民有选择自己生活方式的权利,一时间移民成了这里的热点问题。

但是,还是有部分牧民因为各种原因留在措池,照看着自己的牛羊,所幸野牦牛守望者的队伍还没有减少。如今,以野牦牛守望者协会为主的社区保护组织还在继续着保护工作,措池经验已经得到保护区管理局及当地政府的认可,周围的其他三个村也陆续成立了野生动植物保护协会。在三江源保护协会的推动下,措池村正在联合乡政府建立生态公益保护小区,每户派出一人负责自家草场的管护,为承接国家正在推进的生态公益岗位做准备。同时,山水自然保护中心也将支持更多的设备和装备,并在监测巡护技术上提供支持,以便监测结果能更好地支持科学研究,进而制订出更加有效的保护行动。

谁是最了解草原的人?

以外来的视角,牧民是因为要改良家牦牛的品种而去保护野牦牛,目标是自利的。而从传统文化的角度考虑,措池人是基于已有的价值观开展保护行动的,改良品种仅是保护的附属收获,而并非是标。这使得我们不得不反思,在内外部力量的交织下、不同的文化背景下,谁是最了解草原的人? 谁能够守护这里脆弱的生态?

(1) 政府部门

自 2003 年,政府启动退牧还草工程以来,措池村也有退牧的草场,4 月禁牧的草场已没有牛羊啃食的痕迹,与其他草场形成了鲜明对比。基于生态安全和民生的考虑,政府继而实施了生态移民政策。措池近年来经历过两次比较大的移民,第一次发生在 2005 年,享受生态移民政策搬迁出去 59 户人,以后陆续自由移民出去的有 20 余户。随着人口的外流,外部力量进入草场开展规模化经营已成为措池不可回避的因素。

2011 年,国务院正式批复建立"三江源国家生态保护综合试验区",措池处在实验区的核心区,批复中明确了发展以农牧民为主体的保护模式,承认并强调了社区保护的重要性,措池人关于赋权的实践得到了更高级别的政策支持。措池的社区保护还在继续,为推动建立社区为主体的保护模式积累更丰富、更前沿的经验。

(2) 社会公益力量

自 20 世纪 90 年代开始,各环保公益组织先后到访措池,并在措池陆续开展项目。措池的社区保护已经不单单是社区内部的事情,整个保护过程受到了来自各方面的密切关注,如三江源保护区管理局、三江源保护协会、保护国际、山水自然保护中心等很多政府部门和公益组织为支持措池社区保护做出了很多努力,但即使到了现在,各机构也还只能说是在不断摸索的过程中。外来干预力量往往带着热情进入社区,无形中也向社区输入了新的理念和价值观,给社区带来了不可逆的影响。事实上,面对措池社区在经济、文化以及行政上的综合诉求,外来干预力量中,并没有一家机构可以提供或采纳一个完美方案。问题的解决需要机构间的合作,而这种合作有特别需要配合、磨合的地方。作为外来干预者,往往在意识上先入为主,假定保护草原生态系统为牧民的共同目标,而后宣传发动社区开展保护行动,努力寻找社区保护的理由,以及能够将保护坚持下来的方法。由于不同群体的视角不同,往往会带来沟通交流的诸多障碍,例如,生活在城市的人向牧民宣传游牧文化的重要性,感叹游牧生活才是最健康、最生态的。

(3) 措池牧民

在过去的几年中,措池村参与了诸多环保项目,巡护队在科学家、项目人员配合下学会了使用科学监测仪器设备,并学会记录成日志供科学分析。然而牧民对草原的需求是多方面的,从传统知识和文化的角度来看,措池人有自己利用草原的方式,他们通过举行各种宗教仪式祭祀山神。从生计的角度,措池形成了酥油、牦牛绒等畜牧产业初级产品。同时,信息交流、教育条件、政府出台的补偿政策在改变着措池人对草原的看法。措池人在长期面对外界环境的变化也变得更加积极主动,生活方式更加多样化。也有一些牧民因向往城市生活而移民,但即使移民,仍然委托在草原的亲朋代养牦牛,与草原依然着难以割舍的关系。

评论

吕植(北京山水自然保护中心发起人、北京大学教授)

案例中说了措池人空出地方给野牦牛,6 年以后发现野牦牛也走了。原因可能是禁牧后的草原不再适于野牦牛,因此他们又搬回来 3 户。这个案例很好地说明监测和行动是如何配合的,也引起了我们对禁牧政策的反思,以及政策的制定应该怎样基于科学观察和实践经验。

措池在过去 7 年里经历了几次大的政策:退牧还草、三江源保护工程——生态移民、定居工程和草原奖补以及相关的教育政策变化等,对措池的生态和生活以及经济都产生正、负两方面的影响,因此,措池的一些自发的行动有可能是应对这些政策变化的。

李晟之(四川省社会科学院农村发展研究所副所长)

我认为,牧民的行为始终包含着道义和自利的两个方面,措池的牧民选择保护是综合考虑的结果。当牧民的生存受到外部威胁时,道义的一面促使他们组织起来,通过集体行动抵御威胁;当在利用草场资源时,牧民因自利的一面对不公平的事情加以阻止。

田犎(山水自然保护中心高级顾问、保护国际协议保护项目亚洲区主管)

措池牧民有保护的传统,当牧民自发开展强有力的保护时,他们需要权力。

案例三　集体林改背景下的社区保护

集体林权制度改革概述

在土地产权制度逐步成熟的情况下,在中央和地方政府的指导下,集体林权制度改革、草原产权改革随之逐步深化,林区、牧区不但是农村开展生产经营活动的重要区域,同时也是众多野生动植物的栖息之所。其中,集体林权制度改革号称为"第三次土地改革"。

按照《中华人民共和国土地管理法》第二条的规定:"中华人民共和国实行土地的社会主义公有制,即全民所有制和劳动群众集体所有制。"[1]中国的林地同样由国家和集体所有。在 20 世纪 80 年代,通过开展稳定山权、林权,划定自留山和林业生产责任制的林业"三定"工作,扩大林业自主权和实施林业分类经营改革,在一定程度上解放和发展了林业生产力。

在此基础上,中央政府决定对集体林权进行新一轮的改革,通过明晰产权,勘界发证,放活经营权,落实处置权,保障收益权,落实责任[2],进一步推进完善集体林权制度。集体林权制度改革的主要对象是劳动群众集体拥有的林地,其中,大部分以村或者村民小组为单位集体所有。在村级层面,一般在乡政府指导下通过:① 林改政策的宣传发动;② 召开社员大会;③ 林改方案的定制;④ 投票表决;⑤ 现场勘界;⑥ 颁发林权证六个程序开展集体林改的主体改革工作。

集体林权制度改革分为两个主要阶段:主体改革和配套改革(也称配套政策)

---

[1] 《中华人民共和国土地管理法》第六届全国人民代表大会常务委员会第十六次会议通过,1986 年 6 月 25 日。

[2] 《中共中央 国务院关于全面推进集体林权制度改革的意见》,2008 年 6 月 8 日。

阶段。第一阶段的主体改革目标是将集体所有的林地使用权和林木所有权下分到户,对于无法从物理边界划分的(如,生态公益林由于政策和法规限制,往往限制砍伐,且山形地形复杂,不利于公平划分资源等),要以股份的形式分配到户,即所谓"分股不分山,分利不分林"。主体改革阶段特别像家庭承包经营初期划分耕地的做法,这也是"第三次土地改革"的由来。

　　中国 1998 年全流域特大洪水使得全社会广泛关注生态环境问题,森林资源的乱砍滥伐、过度开采造成了生态灾难。基于这次教训,党和政府及时收紧了森林砍伐权,相继实施了天然林保护工程(简称"天保工程")(1998 年试点,2000—2010 年实施)、生态公益林补偿政策(2010 年至今)、天保工程二期(2011—2020 年)。2011年生态公益林补偿政策被纳入天保工程二期实施方案中,成为统一的森林生态工程,这其中涉及国有林场、国有生态公益林、集体生态公益林。继集体林权制度改革以来,集体生态公益林补偿作为一项强有力的配套政策,以资金的形式让拥有公益林林区的农民直接享受生态补偿。

天然林保护工程一期[①]

　　1998 年特大洪涝灾害后,针对长期以来我国天然林资源过度消耗等原因而引起的生态环境严重恶化的现实,党中央、国务院从我国社会经济可持续发展的战略高度,做出了实施天然林保护工程(简称"天保工程")的重大决策。

　　天保工程从 1998 年开始试点,2000 年 10 月,国务院批准了《长江上游、黄河上中游地区天然林资源保护工程实施方案》和《东北、内蒙古等重点国有林区天然林资源保护工程实施方案》。工程建设期为 2000—2010 年,工程区涉及长江上游、黄河上中游、东北内蒙古等重点国有林区 17 个省(区、市)的 734 个县和 167 个森工局。长江上游地区以三峡库区为界,包括云南、四川、贵州、重庆、湖北、西藏 6 省(区、市),黄河上中游地区以小浪底库区为界,包括陕西、甘肃、青海、宁夏、内蒙古、山西、河南 7 省(区);东北内蒙古等重点国有林业包括吉林、黑龙江、内蒙古、海南、新疆 5 省(区)。

　　工程建设的目标和任务:一是切实保护好长江上游、黄河上中游地区 9.18 亿亩现有森林,调减商品材产量 1239 万立方米,新增森林面积 1.3 亿亩,工程区内森林覆盖率增加 3.72 个百分点;分流安置 25.6 万富余职工。二是东北、内蒙古等重点国有林区的木材产量调减 751.5 万立方米,使 4.95 亿亩森林得

---

　　① 摘自国家林业局网站。

到有效保护,48.4万富余职工得到妥善分流和安置,实现森工企业的战略性转移和产业结构的合理调整。

主要政策措施:一是森林资源管护,按每人管护5700亩,每年补助1万元。二是生态公益林建设,飞播造林每亩补助50元,封山育林每亩每年14元,连续补助5年,人工造林长江流域每亩补助200元,黄河流域每亩补助300元。三是森工企业职工养老保险社会统筹,按在职职工缴纳基本养老金的标准予以补助,因各省情况不同,补助比例有所差异。四是森工企业社会性支出,教育经费每人每年补助1.2万元,公检法司经费每人每年补助1.5万元,医疗卫生经费长江黄河流域每人每年补助6000元,东北、内蒙古等重点国有林区每人每年补助2500元。五是森工企业下岗职工基本生活保障费补助,按各省(区、市)规定的标准执行。六是森工企业下岗职工一次性安置,原则上按不超过职工上一年度平均工资的3倍,发放一次性补助,并通过法律解除职工与企业的劳动关系,不再享受失业保险。七是因木材产量调减造成的地方财政减收,中央通过财政转移支付方式予以适当补助。

2000—2010年规划工程总投资962亿元(中央投入782亿元)。其中,长江上游、黄河上中游地区总投资533亿元,含中央投入426亿元。东北、内蒙古等重点国有林区总投资429亿元,含中央投入358亿元。此外,1998—1999年试点期间中央投入114.8亿元。在规划总投资外,天保工程实施以来,中央财政又新增专项资金139亿元。同时,基本解决了森工企业金融机构债务问题。从1998—2008年年底,中央已累计投入资金908.85亿元。

天保工程实施进展顺利。长江上游、黄河上中游13个省(区、市)已在2000年全面停止了天然林的商品性采伐;东北、内蒙古等重点国有林区木材产量由1997年的1854万立方米按计划调减到1213万立方米;工程区内14.13亿亩森林得到了有效管护;累计完成公益林建设任务1.75亿亩,其中人工造林和飞播造林6600万亩,封山育林1.09亿亩;分流安置富余职工67.5万人(不含试点期间)。

中央财政对于农村的生态补偿因集体生态公益林补偿政策而拉开序幕。由于集体林权制度改革在商品林区的极大成功,与同处改革范围的生态公益林区形成了鲜明对比。由于商品林划分到户,木材买卖直接增加了林农的收入,效果十分明显。而生态公益林区的改革,不但公益林难以在地理边界上划分到户,而且即使划分到户,由于政策限制,拥有的林木仍不能像商品林那样通过销售木材获益。生态公益林补偿政策通过补偿使公益林体现出与商品林同样的地位,

社区保护的脉络

虽然目前财力有限,补偿标准不高,但补偿政策的落实首先是在政策上认可了
公益林区林农的合法权益。

生态公益林补偿政策

生态公益林补偿政策是在 2010 年天保工程一期最后一年正式开始实施
的。此前经历过多次演变,大约经历了 14 年才最终变为正式的生态补偿政策
落地实施。

1996 年 12 月国家财政部、林业部联合行文《森林生态补偿基金征收暂行
办法有关协调情况的报告》上报国务院,请示国务院建立森林生态补偿基金。
1998 年国家新颁森林法第八条,以法律形式把"建立林业基金制度"、"国家设
立森林生态补偿基金"予以明确。同年,新疆、内蒙古、云南省思茅地区、广东
省、湖南省、四川省、甘肃省、宁夏回族自治区、北京市、湖北省等省、市、自治区
及县、地区都以各自政府的名义颁发建立森林生态效益补偿制度的文件,基本
上都是按照谁受益向谁征收,谁经营向谁投入的原则,征收和发放生态效益补
偿费。

生态公益林补偿,特别是国家级集体公益林补偿,由国家中央财政按照每
亩 10 元的标准进行,地方财政进行配套补偿。集体生态公益林的补偿在很大
程度上缓解了集体林权改革中公益林缺乏绩效的问题。

自 2011 年天保工程二期顺利启动,不但扩大了保护范围,而且将公益林补偿
体系统一起来,尤其是集体公益林纳入了该工程。10 年的工程期使得农民对生态
公益林补偿有了更为稳定的预期。

天然林保护工程二期(以长江上游、黄河上中游地区为例)

天保工程二期为期 10 年,即 2011—2020 年。实施范围在工程一期范围不
变的基础上,增加丹江口库区 11 个县(区、市)。工程区包括长江上游地区(以
三峡库区为界)的云南、四川、贵州、重庆、湖北、西藏 6 省(区、市)和黄河上中游
地区的陕西、甘肃、青海、宁夏、内蒙古、山西、河南 7 省(区)的 750 个县(市、
区)、61 个国有林业企事业单位,共 811 个实施单位。

工程区总面积 348 320 万亩,林地面积 154 461 万亩,其中,有林地 76 500
万亩(天然林 50 345 万亩),灌木林地 38 620 万亩,疏林地 3643 万亩,未成林造
林地 11 007 万亩,无林地 24 242 万亩,其他林地 393 万亩。

　　继续实施的天保工程与生态公益林补偿政策统一纳入了天保工程二期项目中。对国有林,中央财政安排森林管护费每亩每年5元。对集体林,属于国家级公益林的,由中央财政安排森林生态效益补偿基金每亩每年10元;属于地方公益林的,主要由地方财政安排补偿基金,中央财政每亩每年补助森林管护费3元。

　　天保工程二期的主要措施还包括:

　　第一,继续停止天然林商品性采伐。工程区内,除为满足基本生活需要而保留的一部分农民自用材、薪炭材的资源消耗,以及集体林权制度改革后集体林区划为商品林的以外,停止一切天然林商品性采伐。

　　第二,强化森林资源管护。一是实施分类经营,根据生态区位的不同,按照《国家级公益林区划界定办法》和地方公益林区划界定的相关规定,将工程区林地区划界定为国家级公益林、地方公益林和商品林。工程区林地总面积154 461万亩,其中国家级公益林面积64 043万亩,地方公益林面积45 284万亩,商品林面积45 134万亩,根据区划界定结果,实行分类经营和管理。二是强化森林资源管理。严格执行森林采伐限额管理,加大森林资源管理的检查监督力度,坚决杜绝超限额采伐。加大执法力度,依法打击乱砍滥伐、非法侵占林地的行为。认真做好森林防火和病虫害防治工作,加强防控能力建设,深入开展防火宣教活动,抓好森林灾害的预防控制工作。认真落实完善森林分类区划,将公益林和商品林落实到山头地块,严格按照区划界定实施保护、管理和经营,同时加大检查、稽查力度,发现问题,及时查处。

　　第三,国有中幼龄林抚育。天保工程一期实施禁伐措施,有效地增加了森林植被。但目前大量的天然次生林林分生长过密,林下目标树种更新困难,中幼龄树生长受阻,林木生长缓慢,幼树枯损严重,防护效能低下;大量的人工林由于初植密度过高,林分郁闭后,空间竞争激烈,生长被抑制。安排国有中幼龄林抚育,不断提高森林质量和林地生产力,努力解决安置好职工就业,提高职工收入。

社区基本情况

　　关坝村位于四川省平武县城北部约20千米处,隶属于木皮藏族乡,九环线(205省道)与火溪河由北向南贯穿全村。该村北连木座乡新驿村,南接木皮乡小河村、金丰村;向东沿关坝沟与木皮乡乡有林以及老河沟国有林场接壤。关坝村集体林区是大熊猫岷山 A 种群的核心走廊带。全村由 4 个村民小组组成,海拔范围在 1100～1400 米,由低到高依次为木皮组、关坝组、水泉坝组、阳地山组,村民委员会设立在关坝组。

社区的人口结构、收入支出结构是社区保护地项目实施的直接影响因素,同时也是决定社区需求的主要方向,通过梳理人口、收入和支出信息,可进一步增加对社区的了解,为社区保护项目实施提供基础条件。

(1) 人口结构

全村有 125 户,共计 414 人。60 岁以上人数占全村人口的 1/4;劳动力年龄范围在 20～60 岁,占全村人口的 1/3。务工人员以男性为主,2010 年到县外务工人数为 15 人;其余劳动力均分布在县内打零工,从事修电站、修沟渠、修路以及一些家政服务行业等。近年务工以短期灾后重建工程为主,外出务工劳动力呈减少趋势。目前,灾后重建已接近尾声,因此,工程结束后会出现部分劳动力剩余,为项目实施提供了现成可利用的劳动力资源。

(2) 收入结构

全村年人均纯收入为 2500～3000 元(实际上报数据为 2693 元),在平武县属中等收入水平,该村主要收入来源为打工、政策补贴、种植核桃、养蜂等。其中打工为全村家庭收入的主要来源。需要注意的是,在没有劳动力的家庭,相对较贫困,家庭收入则以种养业为主,如核桃、养猪等,可利用耕地种植粮食和蔬菜自给自足,满足基本生活需求。近年劳动力价格上升,打零工一个劳动力每天的收入在 70～120 元,可作为保护地项目实施过程中雇佣劳动力的参考标准。政策补贴主要有退耕还林补贴和粮食综合补贴、养猪补贴,平均每户相应的年收入可达 1000～2000 元。

(3) 支出结构

社区家庭支出主要内容有教育投入、医药费用、农业生产投入、基本食品购买等。在青壮年劳动力家庭,一般家里有 1～2 个小孩,其支出内容排在第一位的大多为小孩教育经费,而在只有留守老人家庭里,其主要支出则为医药等。在一般家庭中,教育和医疗支出可占到总支出的 50%,甚至更多。

(4) 已开展的项目

关坝村在前期开展了很多关于生物多样性保护、水资源保护、社区参与保护、社区生计等的项目,积累了很多经验和教训,为未来的社区保护地项目的开展奠定了坚实的基础。目前已开展的项目有:

① 平武县生物多样性与水资源保护基金项目,由平武县政府及相关部门、保护国际基金会、山水自然保护中心合作实施,包括发放太阳能热水器作为替代能源,实施生态养蜂与生物多样性保护项目,成立养蜂专业合作社发展有机养蜂产业等。

② 乡村绿色领导力项目,由山水自然保护中心资助,培养当地环境保护领袖和社区带头人。

③ 政府工程项目,包括沼气池修建、厨房改造等。

总体来讲,在关坝村,空心化和老龄化问题较为突出,社区立足本地和依靠当地资源获得的收入十分有限,村民获取收入的途径具有很大的随意性和不稳定性,为社区保护地项目的实施留下了很大空间和机遇。

为了更具体表述及了解关坝村村民生产生活情况,特将关坝村典型农户的特征描述如下:一家 5 口人(其中,老人 2 人、夫妻 2 人、小孩 1 人),男主人在外地打工,女主人照顾家庭,小孩在县城上初中。留守老人和妇女在家从事少量的种养殖业(种植 1 亩地的粮食和蔬菜,养 2 头猪,以自给自足为主,自留山和退耕林地可以收获一些核桃、板栗等干果,年收入 800～1000 元);年打工纯收入 10000～15000 元,家庭年纯收入 1～2 万元。一年的收入大致做如下安排:小孩上学每年 3000～4000 元,医疗和药品 1000～2000 元,基本生活及日常消费 3000～5000 元,包括基本食品、电费、电话费、交通费等,其他支出,如红白喜事等 1000～2000 元。

林地资源和权属

社区林地资源包括社有集体林、退耕林地、自留山。社区周边林地资源有木皮乡乡有集体林约 20 000 亩、老河沟国有林 135 000 亩。随着近年来野生动物活动范围的扩大,集体林地树种以青杠、珙桐、杉树为主,林副产品则有蜂蜜、野生山核桃、野生板栗、野生猕猴桃、野生山药、野生药材、野生菌类等,产量不稳定,近年呈逐渐减少趋势。同时,关坝村林区也分布有大熊猫、金丝猴等各种珍稀动物。目前,关坝村所有集体林地已全部被划为公益林,尤其靠近沿关坝沟分布的集体林地,具有与沟内国有林同等的生物多样性保护价值。林地资源基本信息如表 4-1 所示。

表 4-1 关坝村林地资源基本信息

关坝村村民小组	户数/户	人口/人	村民小组林地面积/亩	自留山面积/亩（官方数据）	退耕还林地面积/亩	承包地面积/亩
关坝组	32	108	8503.90	2318.00	260.40	
木皮组	42	132	6662.78	2577.60	270.74	97.68
水泉坝组	26	88	2090.55	1705.90	163.38	
阳地山组	25	86	3866.42	1637.40	343.01	
总 计	125	414	21123.65	8238.90	1037.53	97.68

从官方统计数据来看,全村人均集体林地面积为 51.02 亩,同时,四个组人均集体林地资源相差较大,由高到低依次为:关坝组 78.73 亩,木皮组 50.48 亩,阳地山组 44.96 亩,水泉坝组 23.76 亩。其主要原因为四个组的区位不同,各组均为长久以来形成的自然村落,村民小组林地都是围绕在各组周边、村民可以直接利用的地方。此外,各组的集体林面积与本村中家族势力也有关,村民小组林地分配初期,高、黄两大家族生活在关坝组,因此,家族之间林地资源的争夺也使得关坝组的村民小组林地面积最大。

关坝村林地权属变更主要分为以下几个阶段:

① 20 世纪 80 年代,第一次集体林权制度改革(林业"三定")时期,分山到户。到 90 年代发生了森林大面积乱砍滥伐现象。

② 20 世纪 90 年代,村民小组林地很少部分非正式流转。村有林和乡有林之间发生纷争,关坝村自此没有村有林,只有村民小组林地。

③ 1999 年,天然林禁伐,实施封山育林,集体林全部划为公益林,禁止村民从事任何林地破坏活动。

④ 2003—2004 年,两次退耕还林工程,勘界确权颁证,每户领到 2 个退耕地林权证。

⑤ 2008 年,第二次集体林改,自留山勘界确权颁证,确权方式为分山到户;集体林勘界确权颁证,确权方式为分股不分山。

由于生态公益林区地形复杂,且公益林受到政策限制,不能作为砍伐木材用林。因此,如果教条地照搬确权政策,从地理边界上划分到户,不但耗时费力,而且由于没有砍伐指标,林木本身并没有实际经营价值,加之深山密林难于平均分配,更容易造成纠纷。如果采用股份制,在未来公益林作为集体经营资产产生收益时,可按股份将收益划分到户,仍然符合国家对于集体林权制度改革的最终目标,将权益落实到户。

如前所述，所有权是土地产权的最大化权属，经营权、收益权、处置权等衍生权力则应实际情况而有所差异。

林地的所有权主要指林地和林木所有权。新一轮的集体林权制度改革使得林地、林木的所有权和使用权分离，确权颁证构成了集体林权制度改革的主体。社区保护相关的权属信息包括社区的林地种类、边界和面积等权属信息是否清晰，农户对确权勘界的认知度和认同度等情况。

根据政府配套政策，允许存在社会力量参与的各种林地和林木的权益实现形式。与社区保护相关的衍生权属信息包括社区现有林地和林木的经营利用情况，在林地上开展的活动、经营林地的收益情况、收益的保障和利益分配方式、林权主体获得收益的排他性、是否存在林地流转等。根据《中共中央国务院关于推进集体林权制度改革的意见》(简称《意见》)和《物权法》的有关规定，林地承包经营权是中国林地最大化的权属，其下划分包括经营权、收益权、排斥权(特别强调，排斥权即说明了权利人对于资源的使用具有排他的权利，在社区自然资源利用管理过程中，如果社区对其所有的自然资源拥有充分的排斥权，意味着社区外部的人无法盗用、偷用社区资源)、处置权等各项权能都可由权利人依法行使和转让。然而，目前还存在很多政策空白和界定模糊的地方，使得社区对林地衍生权属的实现形式趋于多样化，并由此带来很多不确定性。

第一，所有权及其实现形式。关坝村包含四个村民小组，集体林是以村民小组为单位所有的。具体体现在乡政府以每个村民小组登记造册确定了四至界限，并以此为依据办理村民小组的林权证。

第二，经营权及其实现形式。《意见》关于经营权的规定：对商品林，农民可依法自主决定经营方向和经营模式，生产的木材自主销售。对公益林，在不破坏生态功能的前提下，可依法合理利用林地资源，开发林下种养业，利用森林景观发展森林旅游业等。《物权法》中也规定要求保障权利人的用益物权，其中包括占有、使用、收益的一系列权利。关坝村集体林还没有合理的林地资源利用规划，因此，对于在集体林中放羊、放牛等经营活动是否合理界定模糊，在村级现有的规定是不准从事一切活动。关于开发森林旅游业，虽然关坝村具有较好的自然条件和旅游资源，然而，旅游开发的前期投入要求较高，因此，开发也仅停留在想法上，距离真正实施还十分遥远。自留山的承包经营权是村民行使的最大权力，关坝村民在自留山的主要经营活动有：采集薪柴，采集山核桃、板栗、猕猴桃等，种植和采集药材，放养土鸡、土鸭等。此外，在木皮组村民小组林地和国有林中也有很多经营活动，如,畜牧、挖药、打猎、挖矿等。

在保护国际和山水自然保护中心发起的水基金项目支持下,关坝村间接利用山林资源和水资源的养蜂产业正在兴起,这是目前能够充分行使经营权的主要方式。在此基础上,部分村民还从事畜牧、采集林副产品、挖药、挖矿、打猎等经营活动,这些活动在法律和政策上存在较大争议,还需要进一步理清。例如,打猎、挖矿是非法的经营活动,需要杜绝;放牧、挖药等经营活动需要科学合理地规划或是限制活动范围等。

第三,收益权及其实现形式。

《意见》中规定的收益权内容如下:

① 征收集体所有的林地——林地补偿费、安置补助费、地上附着物和林木的补偿费、社会保障费。

② 经政府划定的公益林有/未承包到户的——森林生态效益补偿要落实到户;未承包到农户的,要确定管护主体,明确管护责任。

③ 商品林收益——依法销售木材的收益。

④ 公益林收益——依法开展林下种养收益、森林旅游业收益等。

⑤ 负收益——林地经营中的被收费行为,例如,在集体林中采药需向集体或管理部门缴纳的管理费等。

按照《物权法》规定,村民在林地的收益权是受法律保护的,林地流转的租金也是受《物权法》保护的收益,然而,《森林法》和《意见》中的政策却对此进行了限制,合理合法的收益权界定模糊。

关坝村村民在林地的主要收入来源有:林副产品收益、药材收益、畜牧产品收益、打猎收益、挖矿收益和养蜂收益等。对林地的合法收益主要集中在退耕还林地和自留山两块地的经济林木上,主要林副产品是核桃、板栗等干果。其中,很大部分是自然生长,缺少科学栽培,产量有限,以核桃产量为例,每户每年收获 500～1000 斤湿核桃不等。2010 年受气候条件影响,干果类林副产品大幅减产。例如,水泉坝组的一家农户,在以往好的年份可收 800 斤湿核桃,2010 年仅能收到 200～300 斤(晒成干核桃仅 100～150 斤),除自用外,2010 年并没有核桃收入。退耕林地上的药材收益也是合法的,在退耕还林时期,有些农户选择了种植杉树和药材,从而产生了药材收益。

养蜂收益是目前良性的收益权实现形式,它需要集体林和国有林作蜜源,间接地利用林地,但不对林地造成影响。通过科学选择蜂场位置,能够保障村民获得的收益,不过,养蜂也需要承担部分场地租金和管理费用。目前,关坝养蜂合作社的

200 余箱蜂放在租来的自留山林地上,约定每年付租金 400 元,费用由合作社承担。例如,2010 年,合作社共收购 1400 斤蜂蜜,单价为 15 元/斤,获得 2 万多元收入。

由于畜牧养殖会对生态环境产生影响,因此,畜牧产品收益属于受限制收益。而打猎、挖矿收益则属于非法收益。在关坝村,这两类收益还没有得到明确的界定和监督。因此,有时会看到没有农业经营的农户反而家境会比较富裕。

第四,排斥权及其实现形式。排斥权可以看做是经营权和收益权的衍生权力,具体表现为排斥村外人获得林地收益的权力。关坝村社区对外界有自发的防御机制,但具有很大的随机性,因此不能有效地排除所有外界干扰。例如,村民袁宗富在九环线路边自留山上栽有核桃树,外地游客路过时偷摘了袁家的核桃,被其他村民发现后,立即通知了袁宗富,袁宗富要求游客赔偿损失。由于游客拒付赔偿而引起纠纷,因此招来全村人的不满。最后游客以每个核桃 80 元的价格共计赔偿 700 多元钱才被放行。由此看来,这种排斥权行使的前提是村民发现了外界的干扰活动并对其采取措施。对内部,如村民小组之间,排斥权也较为明晰,本组村民是不能到外组的村民小组林地开展任何经营活动的,如被发现同样会招来全组的反对。而本组社员对本组林地的利用并不会受到限制,有精力、有能力的人利用本组领地,并不会招致其他社员的反对。

第五,处置权及其实现形式。《意见》中提出:"在不改变林地用途的前提下,林地承包经营权人可依法对拥有的林地承包经营权和林木所有权进行转包、出租、转让、入股、抵押或作为出资、合作条件,对其承包的林地、林木可依法开发利用。"《物权法》关于林地处置权的规定设立在担保物权下,且仅指林地流转,林地的抵押和担保不具有法律效力,但退耕地和自留山林木的所有权具有一定范围的担保物权。在关坝村,并不存在物权法意义上的林地流转情况,只存在林木所有权、林地经营权、收益权的部分流转行为,而且属于非正式流转,是否符合法律规定需要等待政策和法律的认可。

第六,习惯权属与非正式经营。在关坝村,"靠山吃山,靠水吃水"是村民习惯权属的具体表现形式。关于国有林和乡有林里的打猎、挖药、挖矿的经营活动,村民并不认为这是很严重的违法行为,有些甚至已养成了这样的传统习惯。例如,关坝组和阳地山组的几个村民,由于住地离乡有林和国有林较近,而乡有林和国有林中有一种矿石俗称"鸡血石",市场价格非常高,这些村民经常带着锄头和铁锹上山挖矿,运气好的一年可以挣到十多万元。因此,对于有能力的青壮年劳动力,挖矿的诱惑很大。又如,阳地山组的一家农户世世代代都有放羊的习惯,且居住地临近国有林。国有林属于保护区,不允许从事任何经营活动。由于该农户居住于海拔较高的地区,山下的管护员很难对其实施有效监管。非正式经营在农户家庭中具有重要意义。水泉坝组有两个养羊大户,分别养了50只和80~90只羊,放养在关坝集体林和乡有林中。当问及为什么可以在别的村民小组林地地里放羊时,该村民解释说她与关坝某户有亲戚关系,对组里讲是她亲戚家的羊。关坝沟有一家农户2010年卖了9只羊获得5000元收入,是该农户年纯收入的40%。这些非正式经营起到了稳定家庭经济的重要作用。

林地权属问题及风险评估

第一,社区对林地的面积没有认同感。

关坝村各个群体对集体林地的边界和面积的认知度和认同度也是出人意料的,社区普遍对边界十分熟悉和认同,然而对林地的面积并没有认同感。例如,关坝组有位姓赵的村民反映,在这次林改过程中,只是简单地将旧林权证内容照搬到新的上面。阳地山组组长反映,在确定林地面积过程中,自留山是按照扩大10倍的原则,而集体林则扩大的倍数要小一些。关坝村村长介绍,上级部门来测量面积时是通过考察估算出一个系数,然后用原有林权证的面积乘以这个系数来得到现在林权证上的面积 。

虽然上述三人从不同的角度和立场说明了新一轮集体林改的确权过程和方法,他们却提供了共同的信息是:集体林地没有经过科学精确的测量,以至于村民虽然对林地边界十分认同,却对林地的实际面积不清楚。目前,面积不清的现状并没有带来利益纠纷,其中一个主要原因是,集体林改采用"均山均股"的办法,只确权到"组"(即村民小组)这一集体层面上;而且,关坝村集体林全部为公益林,在现有政策规定和环境下对公益林的限制,社区并不能从集体林获得正常的林木经营收益。然而,面积不准确也会带来风险和问题,如果通过流转使得集体林能够产生收益,则面积不清将很容易激发各种利益纠纷和矛盾。谈判只有在双方信息对等的情况下才能做到公平、公开、公正,就目前关坝村社区对林地的了解程度;尤其是在面积还没有取得广泛认同的情况下进行谈判,很难保证整个过程公平的运行。现有林地面积测量的实际数据都比村民提供的数据大,因此,就目前条件谈判协商,村民是容易接受的,但不排除以后随着测量技术的进步或有需求进行严格测量时,产生的数据变化会给流转林地带来潜在的风险。从退耕还林地勘界时村民的表现可以判断,在计算经济价值时,村民对林地面积是十分敏感的。

第二,林改后,林权证没有颁发到位。

关坝村的退耕还林地林权证都已发放,分别于 2003 和 2004 年颁发了两个林权证。在社区,只有退耕还林地的边界和面积是最准确的,全村自留山林权证只颁发了 10 户,有些村民反映在林权证的登记上出了一些问题。乡上对于村民小组林地也仅登记造册,林权证并没有下发到各个村民小组。然而林权证是证明权利人拥有林地使用权的凭证,林权证颁发不到位,表明权利人的主体地位还没有完全确立。同样,这给林地流转和管理带来较大困难,在产权还没有清晰确定下来的情况下,权属的变更会引起更复杂的社区矛盾,即证地不符,同样会引起责权利的混乱,从而使流转失去意义。

第三,集体林存在非正式流转情况带来的风险。

社区的个别成员出于个人利益的考虑,通过一些非正式的方法能够获得一些林地使用权。例如,村民袁某流转了顺着河道约 5 亩村民小组集体所有林地,林地处于从村委到九环线的桥之间的河坝上,年限为永久流转,价格为 2000 元。袁某给组内每家每户都分了钱,虽然没有签正式的流转合同,但都获得了组内村民的同意,是具有法律效力的。这种情况属社区内部进行林地的再分配,通过内部决策即完成了非正式林地流转,这给林业部门的管理带来不便。

第四,社区对山林强烈的拥有感。

关于集体林经营,村民小组更倾向于合作经营,而不是一次性将林地流转出去获得短期收益。在社区祖祖辈辈的意识中,林地始终是他们维持基本生存的依靠,社区和林地之间有着密切的联系,对林地的依赖性不仅是功能上的,更是一种历史习惯。因此,从情感以及生产生活习俗角度而言,社区更愿意融入到林地的保护和发展中。如前面提到的排斥权,正是由于社区对山林强烈的拥有感才使得社区能够充分地行使其排斥权,换言之,也正是与村民利益直接相关的权利才是村民愿意捍卫和争取的。

第五,权属变更后的监督机制受到挑战。

林业部门在关坝组沟口有管护站,负责沟内国有林的巡护工作,最重要的任务是护林防火、禁止砍伐木材,对于村民在沟内的活动监管比较松懈,该站的管护员表示,过年的时候,村民通过到山里挖药材、甚至打猎等活动来补贴生活是可以理解的。同时,由于习惯权属和生活压力的存在,社区对山林资源的利用是很难避免的。因此,如果通过林地流转开展社区保护项目,即使法律意义上实现了林地权属变更,仍不能排除社区习惯权属对未来保护地的影响,因此,需要就制定社区整体层面的林地资源管理制度、完善监督和替代补偿机制等方面加以协调。习惯权属和非正式经营对保护项目的影响不可忽略。习惯权属具有非正式的特点,即社区在该层面不会认同物权法法律意义上的所有权和用益物权。在这一点上社区仍然保持着自然村落的特征。因此,社区保护项目的实施仍然会受到社区行使习惯权属的影响,甚至需面对不利于保护工作的威胁活动,如盗猎、挖矿等。在未来的协商过程中需要着重考虑,并评估习惯权属和非正式经营在多大程度上会影响保护成效,从而在协商和监督上寻找成本最低点。

社区保护存在的机遇和问题

在林区的保护工作中,社区始终是林地的直接利益相关者,社区的活动很大程度上依赖于山林,同时,林地的保护成效也直接影响社区的生产生活,因此,社区有动力、同时也有责任管护好他们世代依靠的林地。

第一,保护受到的威胁主要来自社区,而从事威胁活动的成本很高。关坝村仍存在盗猎、挖药、私人挖矿等行为。出现该现象的主要原因,一方面是村民的传统习惯,而更为重要的一方面则是受较高市场价格的利益驱动。据调查,全村至少有10户村民家庭有猎枪,而目前野猪的价格为15元/斤,麂子的价格为150元/斤;鸡血石价格较昂贵,随矿石品质好坏而定,一小块就可达到1000~10 000元不等。然而,从事威胁活动的成本也较高。偷盗猎本身是一项非常危险和辛苦的活动。例如,为了捕到猎物,偷猎者需要进入深山,那些地方往往是山势险峻,很容易造成生命危险;尤其在冬天,偷猎者在雪地里一待就是两三天,很容易患上风湿病。该村本身具有打猎的传统,近年来,时不时会看到村民打来野猪和麂子,或者几家农户分享,或者以较高的价格到城里集市销售。私人挖矿也存在同样的危险,现任阳地山组组长杨兰斌介绍,现在要到山势更高的国有林才有可能挖到矿,阳地山组前组长就是因为挖矿时不慎失足跌落山崖去世的。

第二,威胁活动是由经济链驱动的,发展生计项目可以起到替代作用。偷盗猎主要原因还是存在较高的市场需求,偷盗猎行为是由一整条野生动物交易的经济链所驱动,村民本身并不是这些珍稀动物的消费者,而只是处于这条经济链的最低端。野生动物交易形成了一个"三高"的怪象:动物的保护要求越高,市场需求价格越高,偷盗猎的积极性越高。

要想改变这一怪象,发展可替代生计项目尤为必要。关坝的养蜂产业正如火如荼地发展起来,吸引的也正是这些40~60岁的劳动力。如果他们将时间用于养蜂,而且能够获得收益,便可减少时间和精力去从事偷盗猎、挖矿等活动。相比之下,养蜂具有更轻松、更安全、收益较高等优势。通过养蜂产业的发展,还能培育一批基于社区的保护力量,为社区保护培养必备的劳动力资源。2010 年养蜂合作社的成立为关坝村拉开了发展合作经济的序幕,不但提高了村民合作化、组织化的意识,使社区对林地资源有了更强的责任感和拥有感,而且培养了一批养蜂大户和带头人,在组织制度上形成了有利于环境保护的良性循环,养蜂产业最终在整条关坝沟及周边区域替代了偷猎、毒鱼等威胁活动。

第三,已有项目积累了集体林管护经验,为社区保护项目实施奠定了基础。关坝村集体公益林仍然面临着缺人、缺钱的局面,成为缺乏投入、监管的公益林。由于公益林为集体所有,大家没有管护的积极性。而且只要是本集体的人,谁有能力谁就可以利用,村民基本是按照传统习惯在利用集体林。因此,相对于国有林,集体公益林地更缺乏保护投入。由于国有林的位置比关坝村集体林距农户的居住地更远,农户到集体林活动的时间远比国有林多。此外,国有林在当地有管护站,在一定程度上起到了一些保护的作用。因此,从各方面来看,集体公益林都比国有林受到的威胁更大。目前,水资源保护基金项目已在关坝村成立了管护队,在水资源保护和关坝沟周边的集体林保护中起到了重要作用,并在实践中积累了大量的经验,这为社会力量参与到集体林的保护工作奠定了基础,为保护地项目的实施提供了良好机遇,同时社区也十分愿意接受保护地项目支持。

第四,人兽冲突影响较大,为社区保护工作带来了新的挑战。人兽冲突事件在关坝村经常发生,最为突出的是野猪对农田的毁坏,黑熊对蜜蜂、蜂箱的损坏等,这些冲突给社区生产生活的村民带来了很多损失和困难,很多在山里养蜂的村民反映,他们是有办法驱赶黑熊的,但因为黑熊是受保护动物,也只能任由它们抱着蜂箱掏蜂蜜吃,村民自己承受着损失。村民的这种行动本身也是在保护野生动物,他们也希望这部分损失得到应有的赔偿,而且,他们的保护行为是对社区保护工作的必要的支撑。因此,人兽冲突也是保护地项目整体工作框架下的一部分,正确处理人兽冲突,使村民成为社区保护力量,将对整个保护地的保护起到一定的作用。

评论

李晟之(四川省社会科学院　副研究员)

以明晰产权为主要内容、以还权赋能为主导思想的林权制度改革正在进行不断的探索。关坝村林权历史复杂性是中国林权制度的必然结果,既存在林权改革后产生的新问题,还存在各种习惯权属和非正式经营活动的影响;既涉及集体、个人的利益分配问题,还涉及政策法律本身不明晰产生的各种风险。在法律政策对林权界定模糊的背景下,很难获得明晰的林权划分体系进行各种权利的变更、交换和转移。因此,林权的历史复杂性需要一个漫长的改革和探索过程。

关坝村有着参与保护和发展的双重动力,在水资源保护基金项目实施的一年多时间里,社区对于认识生物多样性和水资源产生了质的变化。同时,社区参与保护面临着很多机遇和挑战,而作为一个项目,在其介入社区时,本身就是一个干扰因素,社区本身并没有义务和责任按照项目的要求来做,因此,必须建立某种联系,使得社区能够接受项目提出的保护要求。社区参与保护行动是有条件的,能否参与保护行动在于保护要求是否能够满足社区需求,例如,关坝养蜂对水资源保护的要求,而这期间需要研究的是保护要求如何能够和社区利益需求挂钩,以及如何通过项目的补偿措施和条件,开展有效的附加保护要求的项目设计。

冯杰(山水自然保护中心 西南山地社区保护项目主任)

社区建设包含着基础设施、组织制度、产业发展、环境卫生等众多与社区需求相关的内容。社区需求存在于经济、社会、文化、保护等各个领域,是多样化的,因此,衡量一个社区的建设水平应不仅仅局限于基础设施或经济的发展。为了达到社区建设的目标,需要建立一整套社区综合发展水平的指标和行动方案,以达到产业发展和生态环境的融合、社区生活和文化观念的融合、精神风貌和规章制度的融合等。

案例四　理县集体公益林生态补偿机制创新[①]

2005 年,生态补偿政策被国家正式列入重点发展规划,作为一项长期的环境保护政策在全国落实。《国务院关于落实科学发展观加强环境保护的决定》要求:"要完善生态补偿政策,尽快建立生态补偿机制。中央和地方财政转移支付应考虑生态补偿因素,国家和地方可分别开展生态补偿试点。"中国目前已在四大领域明确了对生态系统服务功能付费的政策:① 以森林生态系统服务为核心的生态服务付费;② 农业相关生态服务付费;③ 流域生态环境服务付费;④ 与矿产资源的开发相关的生态补偿制度。

其实,自 20 世纪 90 年代开始,从中央到地方各级,就已从各个领域试点示范,开展过诸多生态补偿机制创新的实践。比较著名的有 1998 年开始的天然林保护一期工程,2011 年的草原生态保护补助奖励机制,以及水电和矿产资源开发领域的植被恢复费、林地草地补偿费、水土流失治理设施补偿费等的尝试。目前,更多的生态补偿机制仍在探索过程中。国家财政已经作出预算,每年划拨上百亿的资金作为生态转移支付资金投入到生态环境保护领域中,促使生态补偿机制进一步完善。处在生态环境脆弱地区的农村社区是补偿资金的主要受益主体,生态补偿对这些社区因为保护生态环境而放弃自我发展机会的牺牲做出了肯定,对社区更好地参与生态保护的实践起到促进作用。然而,补偿方式、补偿标准、补偿成效一直是对生态补偿机制争论的焦点,到了地方,补偿机制的操作细则更需要细化设计。

[①] 通常所称的公益林是指为维护和改善生态环境、保持生态平衡、保护生物多样性等满足人类社会的生态、社会需求和可持续发展为主体功能,主要提供公益性、社会性产品或服务的森林、林木、林地。其建设、保护和管理由各级人民政府投入为主。按事权等级划分为国家生态公益林和地方生态公益林(其中包括省级、市级和县级)。本文所述"集体公益林"即林地所有权归属集体的生态公益林。

协议保护项目在理县[①]

项目的开展首先需要从一个村的社区保护工作说起：

马山村位于四川理县东部的高半山区，海拔 1680～3600 米,紧邻米亚罗自然保护区,距县城 32 千米。全村辖区面积 640 公顷(1 公顷=10000 平方米),其中林地 502.8 公顷,占全村总面积 78.5%,林地资源十分丰富。马山村为全羌族村,包含 2 个村民小组,共计 90 余户近 400 人,经济来源主要靠外出务工和养殖业。

2008 年,基于协议保护的选点标准及项目人员的经验,很快得出了对马山村实施协议保护项目的可行性分析:第一,马山村的集体林区是大熊猫的栖息地,具有较高保护价值。不过,熊猫的食物箭竹曾一度开花枯死,栖息地也随之退化,大熊猫的生存受到威胁,近几年整体有恢复的迹象,是保护行动介入的好机会。第二,理县林业局作为合作伙伴,有较好的合作基础,与项目人员有很高的契合度,对协议保护项目十分支持。例如,在项目人员选点走访中,理县林业局不但十分支持协议保护项目,而且在项目实施前,承诺为协议保护专门出具文件,建立项目领导小组,以支持项目运行。第三,社区比较贫困,自然资源依赖度较高,如木材砍伐、食用菌采集、放牧等活动对自然资源的利用规模较大,生产生活上与生态环境之间产生矛盾。第四,马山村有较好的自然资源管理经验和传统。例如,村里每年选举一名管护员,并且落实了责任和资金奖惩机制,村集体每年拨付 1200 元作为管护员工资,管护员监督排除砍伐事件,若发生砍伐事件,则相应扣除管理员当月工资;如果抓住砍伐者,工资的损失由砍伐者补偿。除此之外,砍伐者还要向村里缴纳一定量的酒作为惩罚,用于村集体活动。在马山村,社区管理和集体行动力基础较好。

项目于 2008 年 10 月启动,为期两年半。县林业局为此专门成立了"理县林业局协议保护项目领导小组",可见其对协议保护项目的重视程度。项目由资助方山水自然保护中心投入 45 万元、县林业局配套 2 万元共同组成,用于支持马山村的社区保护和发展。保护协议由林业局(甲方)和马山村村委会(乙方)签署,山水自然保护中心作为技术支持方参与项目活动的设计、协调和监督工作。通过保护协

---

① 协议保护项目(CSP)由保护国际-山水自然保护中心(CI—山水)引入中国,主要内容是在不改变土地所有权的情况下,从保护地的归属权、管理权中分离出保护权,并将保护权移交给承诺保护的社会组织或社区组织。协议保护通过协议的方式,把生态资源的所有者、保护者和使用者的权利和义务固定下来,同时建立激励机制,鼓励社区的全面参与,从而达到有效保护社区生态的目的。

议,林业局将保护权赋予马山村,由马山村社区负责集体林公益林的保护工作,除此之外,项目也支持了马山村发展经济林、开展公共文化活动等项目。在山水自然保护中心的技术支持下,项目正式启动。由项目团队开展社区本底调查,找到影响保护的威胁因素。由甲乙双方协商制定保护目标和行动计划。在项目的中期和末期分别有甲方邀请第三方专家评估保护成效和协议履行情况,每次评估结束,根据保护成效评估结果确定奖惩措施。此外,项目活动方面还设计了栽种箭竹幼苗、云杉、核桃树等帮助大熊猫恢复竹林和栖息地的活动,同时也针对社区需求为社区提供了核桃树苗,帮助社区发展经济林。

在保护行动方面,协议约定了以社区为主体开展有计划的监测和巡护活动。马山村协议保护项目在补充大熊猫食物、防灾减灾、发展社区经济、巡山防止盗伐等方面初步制定了具体行动计划。

由于项目需要对包括社区开展的保护行动的协议履行成效进行评估,评估结果直接影响到马山村是否能够得到保护成效奖励,而保护协议由甲乙双方协商约定,因此,协议中关于对保护行动奖罚标准的协商最为激烈。尤其是在砍伐不能完全杜绝的情况下,在现场核查时,什么样的砍伐程度才能作为惩罚标准边界等,经过甲乙双方一番协商,结合保护目标,最终确定了包括幼竹林在内的几个树种不能砍伐。在社区开展保护行动的过程中也创新性地制定了一套监督管理机制。例如,社区制定了用"换标牌"的方式来监督巡山队员的工作:为了更有效地监督巡山队员的工作,林业局和村上的监督组成员共同制作了两套标牌,在第一次巡山时把其中一套写有"1"的标牌挂在巡山路线的几个指定地点;下一次巡山时就把写有"2"的标牌拿到指定地点更换并拍照,下山后把换下的牌子交给监督人员检查,标牌交由村长保管。在工作机制上确保了队员每一次巡山都能够走完计划路线,从而保质保量地完成巡山任务。

协议保护项目的实施,在发挥村民作为社区保护主体方面奠定了具有实践意义的基础。同时为合作伙伴——林业局的保护工作积累了社区经验。更重要的是加深了林业局和社区的相互理解和信任,林业局也认识到,相对林业部门专职巡山人员,在集体林管护方面,社区保护有其自身的优势和普遍的适用性。

集体林权制度改革激活了基层的创新动力

关于制度的改革让我们先从以下三个法律条款说起:

根据《中华人民共和国土地管理法》及实施条例,中华人民共和国实行土地的社会主义公有制,即全民所有制和劳动群众集体所有制。全民所有,即土地所有权由国家代表全体人民行使,具体由国务院代表国家行使,用地单位和个人只有使用权;农民集体所有的土地依法属于村农民集体所有,由村集体经济组织或者村民委员会经营、管理。

根据《中华人民共和国农村土地承包法》及实施条例,农村集体经济组织成员有权依法承包由本集体经济组织发包的农村土地。农村土地,是指农民集体所有和国家所有、依法由农民集体使用的耕地、林地、草地,以及其他依法用于农业的土地。

根据《中华人民共和国物权法》,中国农村集体经济组织实行家庭承包经营为基础、统分结合的双层经营体制。土地承包经营权人依法对其承包经营的耕地、林地、草地等享有占有、使用和收益的权利,有权从事种植业、林业、畜牧业等农业生产。

这三条法律结合,意味着中国农村社区的集体林权利得到进一步保障和提升。在集体公益林覆盖的农村社区,如马山村,自集体林权制度改革实施以后,社区正式成为集体林的权利主体,对集体公益林拥有合法的所有权和经营权。而《物权法》保障了所有权人——社区对集体林的权利。

2008年,《中共中央国务院关于全面推进集体林权制度改革的意见》出台,标志了以明晰产权、"放活经营权、落实处置权、保障收益权"为主要目标的新一轮的集体林权制度改革在全国正式展开。集体林权制度改革要求将集体所有的林地使用权和林木所有权划归农户,并确权颁证。但是在国家重点生态公益林区域,集体林资源分布不均匀,划分十分困难,且为了保障国家生态安全,这些区域属于限制或禁止开发区,从地理边界上划分到户的意义并不大,其提供的生态系统服务功能的不可分割性也需要确保林地有连续性,不宜分割。因此,在四川的很多集体公益林区,为了保障安全,便于管理,采取了"分股不分山,分利不分林"的做法,但林权以股份的方式落实到了每家每户,在保障农民权益方面进一步落实了《物权法》赋予农民的权利。

事实证明,处在集体公益林区的农村社区为了保护生态环境而失去了很多发展机会,生态补偿政策是必要和可行的。然而,现行的大量公益林补偿资金的投入在落实过程中难以与保护成效建立直接联系,对促进社区参与自然保护行动的作用还比较有限。社区不了解资金的用途,一边享有补偿资金,一边延续着靠山吃山的不可持续生活方式,补偿资金成了理所应当的"扶贫款"。按照补偿政策,生态公益林补偿金将有一部分用于社区实施保护行动,而针对是否能够有效地用于保护,还缺乏相应的保障措施。对于资源有限的理县林业局而言,由于外部监管的技术难度、经费、人力都存在较大制约,现有补偿机制对社区行为难以起到有效约束作用。从部门职能来说,理县林业局又必须对公益林的安全负责,财权、事权并不对等,责任却着实重大,改变集体林管理责、权、利不对等的现状已成为林业局的当务之急。

集体林权制度改革进一步激活了基层的创新动力,在落实集体林权利方面,社区更加有积极性。协议保护项目结束一年后,一个新的机会浮出水面。

2011 年 5 月,国务院在京召开了全国天然林资源保护工程工作会议,标志着中国天保二期工程正式启动。会议决定不仅扩大天然林补偿范围,还将集体公益林的生态补偿纳入天保二期工程。

理县的集体林公益林属于国家级公益林,根据天保二期工程对于集体公益林的相关规定,国家级公益林补偿标准为 10 元/亩,经省级提留,落实到村集体的标准是 9.75 元/亩。理县有 81 个村,集体公益林总面积 109.1 万亩,这意味着,以后每年针对理县集体公益林的补偿款金额高达 1000 多万元,并且年年都会补偿。对于每个村集体而言,每年将会比往年多出少则十几万、多则几十万元的生态补偿资金。这无论是县林业局还是农村社区都对资金管理提出了更高的要求。

随着集体林改的深化,落实权利和责任同等重要。在生态公益林补偿政策中明确要求对权利人(农户)进行补偿,为了达到有效促进管护的目的,同样需要一定量的管护工作。补偿和管护绩效的挂钩需要更多细致的工作。加上县林业局的保障公益林安全的任务,这对权、责、利界定模糊的集体公益林是一大挑战。如果按照老办法直接将钱发到村民的"一卡通"上,不但没有办法落实管护责任,连基本的生态安全恐怕也会失去保障。在这种情况下,新一轮的补偿资金如何分配,管护责任主体如何确定,操作细则如何出台,管理制度如何制定和落实,都成为亟待解决的问题。而这些问题不可能通过上级政府一刀切的政策来应对,需要根据基层实际情况开展更多的实践和创新,理县林业局自然成为这次创新的最有动力的职能部门。

生态公益林补偿机制的创新设计

如果按照老的补偿办法,生态补偿资金将定期直接发放到社区百姓的"一卡通"上。因为把资金发下去是硬任务,林业局只能配合财政局去实施,很难保证管护成效。资金发下去后,如果林业局再到社区去提保护要求,已经没有条件可以约束社区,恐怕对社区也很难产生影响。

虽然立足创新这一轮的生态补偿机制,摆在理县林业局面前的问题很多:如果不按照老办法直接发到"一卡通",补偿资金如何发到社区;天保二期工程的补偿资金里有预算管护经费,如何能够找到合适管护员并落实管护责任;如果由社区完全负责管护集体林公益林,管护成效如何评价?即使可以评价保护成效,如何与补偿金挂钩?林业局如何既把控资金安全又对社区产生约束力?等等。上述一系列问题急需操作细则的出台,而解决这些问题,最有动力和能力的只有理县林业局。

经过理县林业局多次下村走访和内部若干次讨论,最终,一个新的生态补偿机制尝试产生了。在保证资金安全的前提下,林业局对相关利益群体各方的关系及治理结构设置、功能职责、保护成效评价、奖惩机制进行了重新设计。主要的创新点如下:

第一,创新基层治理结构。

在村级通过村民大会选举成立董事会和监事会,分别作为村民在集体林经营管理的决策机构和监督机构,对集体林经营管理成效负责。在新一轮集体林改革过后,理县每个村的农户都以"均股均利"的方式拿到了股权证。每户村民在集体林公益林中占有相应股份,受益按股分配。进一步明确了村集体是集体公益林统一经营管理的主体地位,村民成为股东,村民大会同时也是股东大会,村民代表大会同时也是股东代表大会。

股东会由村民户主代表组成。股份经营管理董事会通过民主选举产生。监事会由股东代表、乡镇领导、林业工作站人员等组成。村委会将集体林委托董事会进行统一经营管理,董事会组织股东大会制定股份经营章程。

2011年,理县林业局在全县81个村和2个居委会总共成立了88个村级董事会(其中有两个村以村民小组为单位成立董事会),管理范围覆盖了全县109.1万亩集体林。

第二,理清各方职责。

董事会负责选举一名护林员,并与其签订《森林管护责任协议书》,明确负责巡山等管护工作。同时,董事会代表全村股东对集体林进行统一经营管理,并与村两委签订《森林股份经营管理协议》。最终,林业局从集体林管护执行层面退出来,负责监督和落实奖惩政策,并与村委签订《公益林管护合同》。理县林业局、各乡镇人民政府、林业站及各村委会对集体林管护有监督权,合同或协议书中明确规定各方权责,并详细规定了违约责任和管护情况的监测评估标准。

自此,护林员、董事会、村两委、林业局四方通过签订三个书面合同或协议将各自的权、责、利固定下来,林业局对董事会运营、集体林管理方式和资金分配机制给予指导意见。因天保二期工程规定的资金拨付需要林业局同意并签字盖章，保护的成效评价权力在林业局。林业局有主动权拒绝在集体林管护不善的社区申请表上签字盖章，从而使得社区暂时得不到补偿资金(因国家工程项目专款专用，最终这些补偿资金需要落回村集体，目前理县林业局并不能擅自主张扣款，因此，只能暂时扣压)。林业局在这个创新机制中的角色转变最大。也正因如此，通过这次改革，从制度设计层面使各方责、权、利明确下来。

第三，建立集体公益林保护成效量化评估体系。

通过制定集体公益林管理的评价体系，并每年对社区进行打分评估的方法对各村予以考核。林业局发挥专业优势，制订了一整套评估集体林管理指标——《理县集体林地检查验收评分标准》，并将各指标分配不同权重，最终量化为分数进行操作。整个评分表采用过程性指标和结果性指标相结合的方式，从档案管理、护林防火、林政管理、有害生物防治、野生动植物保护等几个方面进行多维度评分。评估表采用百分制，可以直观地看到社区集体林管护成效，并方便全县各村进行横向对比。根据资金拨付周期，林业局负责每年对每个董事会进行考核打分。

第四，落实补偿金的分配奖惩机制。

该环节也是整个制度设计中最重要的一部分，直接关系到资金最终去向和整个机制创新是否有效。根据林业局的指导意见，各董事会作为集体林经营管理的实施方，组织股东讨论决定了管护的方式，并在股东大会上讨论决定将补偿基金提留一定比例作为村公共资金，用于管护人员补助及集体公益林管理相关的公益事业等。其余部分也是最大部分仍按持股比例拨付到股东(即农户)手中。

2012 年，县林业局集体林管理检查验收小组根据《理县集体林地检查验收评分标准》对全县董事会进行第一次检查验收。按照制度设计："最终得分在 85 分以上的村集体，以扣分单项所占比例为准，相应暂缓兑现相应的补偿金，待整改验收合格后再兑现之前暂缓兑现的补偿金；得分在 85 分以下的，暂缓兑现当年全部补偿金，限期整改验收合格后再兑现补偿金，整改不合格的将按照第一次考核成绩扣分所占比例扣除补偿金，扣除部分用于奖励考核优秀的村组董事会。"据理县林业局的以为负责人介绍："2012 年评估未通过的村集体，且经要求整改后仍未通过的，将暂扣补偿款。未来暂扣有望变为惩罚金永久扣除，罚金则会作为验收得高分村集体的奖金。"

在第一年的验收中，理县总计应兑现集体公益林补偿资金 1063 万元，涉及村民共计 9600 户，37 000 人。参照《理县集体林地检查验收评分标准》对管护情况进行评估后，有 31 个村级董事会因未达到管护要求而被暂扣了补偿资金。

"自上而下"和"自下而上"

这是 NGO 圈子里的高频词汇,"只有自上而下不接地气,只有自下而上不够大气。"创新的过程既可以自上而下,也可以自下而上,真正需要考查的是创新成果最终的实践情况。理县林业局在集体公益林补偿方式上的创新设计逻辑严谨,细致入微,责权利分明,经过一年的实验,也对验收没有通过的村集体进行了处罚。然而从目前情况来看,在保护意识较好的马山村,我们随机走访了马山村的村民,一个最重要的发现是,很多村民并不知道有这么一个复杂的机制存在,同时,也并不关心每年生态补偿资金有多少钱到自己手上,只有记得退耕还林的补助每年超过 1000 元。集体公益林的补偿每年到账户上有几百元钱,这对百姓来说还没有足够吸引力。同时,为了防止资金被挪用的情况,国家多项针对百姓的补贴均会发到村民的"一卡通"上,村民们大多时候也弄不清楚是哪些钱,仅知道是"政府给的补贴"。

我们相信,这项机制创新设计的落实是需要一个过程的,或许当补偿标准高一些,引起村民们足够重视的时候;或许,社区对集体林的生态功能得到更多关注的时候,理县公益林补偿资金的机制创新才能够深入人心。但同时,我们也看到,如此细致的设计,需要较高的操作成本,而天保工程二期在县级并没有配套工作经费,理县林业局需要在现有财力、人力条件下将这套机制贯彻下去并不容易。

然而,理县的机制创新得到了上级政府——阿坝州林业局的肯定和支持。2013 年,阿坝州在理县公益林生态补偿机制创新实践的基础上制订了《阿坝州集体林股份经营管理方案(试行)》并在阿坝州 13 个县推广。该方案在借鉴理县成立董事会的基础上,更进一步加强了约束性条款,对于考核不合格的村"拒不进行整改或二次整改仍不合格的,县、森工企业局要调减管护林场(经营所)和村年度管护资金,情节严重的按有关规定追究其相应责任。调减资金可用于优秀林场(经营所)和村的奖励。"这一办法的提出进一步强化了社区作为权利主体、补偿金受益主体、保护行为主体所应承担的相应的与收益对等的责任,它的付诸实践,将有效增强社区保护意识,对于不履行保护责任的情节恶劣的社区也有了强硬的惩罚措施,这些都有助于使生态补偿真正达到保护成效。

评论

田犁(山水自然保护中心高级顾问、保护国际协议保护项目亚洲区主管)

集体公益林难以分山到户,"分股不分山,分利不分林"的做法不但明确了公益林的集体经济属性。更意外地确立了村民成为集体财产的股东地位。理县林业局提出成立董事会的创新举措进一步强化了村民作为个体与集体经济的联结。这就有机会创造条件：集体林的保护与管理不再仅仅是政治任务，而是在经济活动中通过社区内部治理机制得到了实行。有社区组织，有公共资金积累，有确定的业务，社区治理将在这个过程中得到长足的发展，并为解决其他公共事务创造了条件。

刘锡婷（山水自然保护中心　项目协调员）

理县案例将补偿资金与保护成效密切挂钩，通过县、乡、村共同组成的监事会对集体林保护进行监管，细化的评分制度能够使社区充分认识到补偿资金与集体林保护之间的紧密联系，并主动采取保护行动。而董事会对公共基金的提留使集体利益与个人利益紧密挂钩，进一步凝聚了集体行动力。

集体公益林补偿亟待配套政策。除了加强集体公益林补偿资金的管理并与保护成效挂钩，还需要其他配套政策进行完善。单纯靠生态补偿资金解决集体林管理问题是很难的，有必要在搞活林下经济、增强监督和评估的经费、提升董事会和管护员能力等方面进行进一步深化改革。董事会不仅仅可以作为集体林管护的载体，董事会成员还可转变为林业专业合作社的主体，在保护的前提下发展林业经济，促进林农增收。董事会也可积累村公共资金，满足内部公共事务的需求。

冯杰（山水自然保护中心西南山地社区保护项目主任）

四川省集体公益林补偿标准有进一步提高的空间。依据四川省森林资源管理总站数据表明，四川省共区划国家级公益林 24 384.67 万亩，其中集体和个人所有 7260 万亩。2011 年对集体公益林补偿标准为 10 元/亩，其中省级公益林每年每亩提留 0.25 元作为工作经费，实际到账为 9.75 元。据四川省林管站的政策建议，补偿金额有望提高到 20 元/亩。

集体公益林补偿的实施需要政府转变职能。政府把公益林管护的权利下放到村及董事会，明确社区管理集体林的主体地位，政府扮演政策制定和监督评估的角色，激活社区的能动性和创造力，是成本较低、保护成效得以保障及可持续的有效方式，也是主管部门以有限的人员、资金应对巨大的管护责任和压力的有效路径之一。

案例五　九顶山余大爷的保护之道[①]

　　茂县九顶山是四川西南山地生物多样性最富集的区域之一,海拔范围在1900～5000米,那里栖息着大熊猫、金丝猴、羚牛等众多珍稀野生动物,是长江中上游的生态屏障。在20世纪90年代以前,这里的山区农村增收渠道不多,砍树、打猎盛行,靠山吃山的状态一直持续到90年代末。

　　本案例介绍一个为数不多的、社区自发保护生态环境的例子。在九顶山下距离茂县城南十多千米的茶山村,我们认识了这样一位老大爷——余家华,他自20世纪90年代便开始组织家人和村民从事巡山、拆捡猎套和反盗猎宣传等生态保护活动。至今余大爷和他的家人带动村民已坚持这些工作近20年。这不禁让人好奇,余大爷到底有着怎样的故事?

缘起——猎人和牦牛

　　余大爷曾经是位老猎人,在大集体时代(20世纪60～70年代),他负责管理村集体在高山草甸放养的牦牛,由于经常进出山林,不仅对山路十分熟悉,对野生动物出没的地点也十分清楚。当时,凡是有打猎技能的青壮年都会上山打些野生动物改善生活,余大爷更是猎人中间的佼佼者。

　　80年代,土地下户,村集体准备将山上的牦牛卖出去,余大爷认为放弃牦牛产业太可惜了,应该继续经营下去,于是余大爷联合他的弟弟两家人贷款8000元将牦牛买了下来继续放养。好在草场在高山上,没有下分到户,从土地权属上来讲,这片草场属于国家,但又因为地处三县交界的区域,至今无人看管。于是余家兄弟

---

　　① 部分资料通过采访余大爷获得。

两家便可以无偿地使用这片可以容纳300~400头牦牛的草场,继续放养牦牛。为此,余家兄弟还修了一条从村庄到草场的便道。

然而,当砍伐和打猎成为当地人重要的经济来源时,竭泽而渔式的掠夺很快就走到了尽头,山上的野生动物越来越少。为了找到猎物,猎人们甚至不惜放火烧山将动物驱赶出来猎杀。因为木材资源属于集体所有,没有约束,当地人也开始你追我赶、变本加厉地砍伐林木,"多的时候有成百上千人在山上"。满山放置的猎套和绳索威胁到了余家的牦牛("至今至少已有7头因被猎套套住死掉了"),更威胁到了上山挖药的人。1995年,余大爷对烧山打猎、乱砍滥伐的行为十分担忧,担心未来野生动物灭绝,给子孙后代什么也留不下,于是,决定说服弟弟一起边放牦牛边拆捡猎套,兄弟二人从此开始了制止乱砍滥伐和巡山反盗猎的保护之路。

兄弟合力守护九顶山

茶山村有三个村民小组:上组、克都组、下组,全村共计400余人。1995年4月,因乱砍滥伐十分严重,"克都组组长无力阻止而主动辞职"。知道余大爷有心保护环境,乡长来到余大爷家里说服他担任克都组组长。当上组长后,余大爷为了了解砍伐情况,便组织村民上山统计砍伐数量,结果发现"克都组集体林中胸径30公分的树被砍伐了2000余棵。"接下来几年的砍伐规模更是越来越大。在此期间,也有不少村民到乡上反映情况,但最终也都治标不治本,不了了之。直到1999年,国家开始实施天然林保护工程,禁止天然林砍伐和猎杀野生动物等破坏生态行为,余大爷也觉得有了底气,开始筹划如何借这个机会推进自己的保护工作。

2000年,余大爷召集七支干部、村民代表共计20余人讨论茶山村保护制度。结合当时国家规定:在荒山荒坡上种树,坚持谁栽、谁有、谁受益的政策,余大爷与村民定下的制度也比较简单直接:第一,在荒山荒坡上最多一次砍3棵树,且需报村里批准,多于3棵要上报林业局;每砍1棵树,必须栽种10棵,树木归自家所有。第二,在集体林中砍树的,按树木胸径宽度罚款,每1寸罚款20元,树木越粗,罚款越多。最终,经村民大会口头表决通过了这两条规定。

于是,余大爷开始组织监督破坏行为,并针对违反保护制度的行为实施处罚。一开始,百姓该砍树的还是要砍,并没有严格按照说好的制度执行。余大爷决定动真格的,当年就抓了5个典型报到乡里,请由分管领导处理。于是,乱砍滥伐在制度定下当年就得到了缓解。第二年又有一次,余大爷接到举报,上组村民到克都组自留山砍木材。等到了现场,人已不见踪影,只留下了一棵伐桩,余大爷决定顺着痕迹找到组里去,抓到人后当场对峙,最终根据尺寸罚款 70 元。由于四川各级林业部门对于砍伐有较严格的规定,而且,木材运输十分显眼,倒卖难度较大。经过几个回合的检查和处罚,茶山村的乱砍滥伐就得到了有效遏制。

余家兄弟的保护工作从两个维度同时展开,即制止乱砍滥伐和巡山反盗猎。在乱砍滥伐初见成效后,巡山反盗猎也逐渐深入地开展起来。自 1995 年决定开展巡山反盗猎以来,兄弟俩发现这项工作并不轻松,山上的猎套多到兄弟二人一天可以捡到 1000 多个。猎套大都用铁丝制成,而且又是高海拔地区,单靠人力很难把这么多猎套集中背下山,于是只能找到隐蔽处把猎套掩埋或直接藏在山洞里。每当在山上遇见盗猎者活动时,兄弟二人也极力劝说,但有时还是会被盗猎者质疑他们的管理权力。有时劝说无法阻止盗猎者的活动,甚至发生肢体冲突,余大爷就会多号召些村民,一起对抗。

成立九顶山野生动植物之友协会

余大爷自 1995 年就开始申请在九顶山建立保护站,向上级提交了至少 3 次书面材料,但林业局、乡政府最终的答复是没有权力审批,申请建保护站的事情暂时搁置。针对盗猎者的质疑,余大爷也向上反映,希望能派发巡护证件,使他们能有正式权力阻止盗猎者。当时,由于没有这样的先例,茂县林业部门也就暂时搁置余大爷的请求。

余大爷的保护工作走上正轨是在 2001 年,当选村长后。在任村长期间,余大爷学习了《森林法》和《野生动物保护法》,又学习了 1999 年的关于天然林禁伐的相关政策,这让余大爷在开展保护行动时更加有底气,并从此掌握了法律武器。他经常向人们提起这两部法律,在阻止盗猎、砍伐活动时,也用这两部法律的条款来劝说和宣传。虽然他多次向上级建议增加保护站,申请巡护证件,但收效不佳。到 2000 年,余家兄弟还是决定"加大保护力度",扩大宣传面、增加巡山次数、增加巡护线路等。

2004 年,一次偶然的机会,余大爷作为村长有机会参加县里党校培训。余大爷抓住机会汇报情况:"九顶山很多动物要灭绝了,需要保护。"余大爷的话打动了时任扶贫办主任的刘主任。说到余大爷的工作如何获得支持时,刘主任和一名当时的联合国志愿者建议,可以成立一个协会,并为协会起了一个名字"茂县九顶山野生动植物之友协会"。大家一拍即合,接下来的申请也十分顺利,经刘主任帮忙,申请协会就此提上了日程,刘主任负责组织、提交申请材料,并得到了民政部门的积极回复。同年,协会正式成立,由余大爷担任协会会长,刘主任担任秘书长。协会在第一次大会上召集到 20 多人入会。余大爷的举动得到林业局的支持,在协会启动初期,协会得到第一笔捐赠,林业局资助协会 1500 元作为启动经费。

自成立协会开始,巡山变得更加常规化。宣传、巡山和反盗猎是协会最重要的工作。从居住地到巡护的地方,最远有 100 千米左右,路线不固定。搜查猎套时一般顺着山脊走,那些区域是动物容易出没的地方。一般发现有盗猎的地方就会安排巡护路线。协会结合余家放牦牛、挖虫草、野生动物的活动规律、盗猎分子的打猎习惯安排巡护,这样,一年巡护 7~8 次,时间大概是:1 月底至 2 月初 1 次;4 月 1 次;6 月 1 次;8 月至 12 月 4~5 次。由于秋季以后打猎的人多,协会会安排多次巡山。"今年(2013 年)4 月派了两个人,是自家的侄子和女婿,整个巡山过程大概要 1 个月左右,要等到挖虫草的走了才回来。"他们自己也会挖一些虫草补贴家用。每次上山要备足酒(应对高寒气候)、干菜、米等粮食,山上的临时站点作为"保护站点"也存放了干粮,可以生火做饭。协会每年至少有两次 8 人组巡护队员巡山,每次往返至少消耗 10 天时间。平时巡山的人少,有人发现情况后,就组织其他会员再上山会合应对。

余大爷说到协会的保护成效:"协会 2012 年搜集了 400 多个猎套。这些年总共搜集了 10 万个。"2000 年后的两三年间,虽然砍树、打猎情况时有发生,但却逐年减少。如今在余大爷家中,我们看到铁丝猎套已锈迹斑斑,说明近两年已经很少搜集到猎套了。

说到余大爷投入很大精力、认真运营协会时,就必须要提到另外一个人,即当时扶贫办的刘主任。刘主任现任民政局副局长,主管社团、协会等民政工作。在分工方面,刘局长下足了功夫,他与余大爷两人优势互补。作为协会的秘书长,刘局长全力负责宣传、公关、筹资方面事宜,尤其是文字材料由他一一整理、记录等。余大爷负责组织巡山、观察记录野生动物、试着撰写简单的巡山日志等(虽然是简单的积累,但事实证明,朴实的话语十分有力量)。

如今,协会的影响力也不断扩大,余大爷和他的协会曾接受四川日报、阿坝州民族报、康巴卫视等记者的采访,获得过 CI、WWF、TNC、SEE、WINROCK 等国际组织、茂县林业局、成都市工商联等部门的资助和奖项,他从事的保护工作经历也多次登上报刊、杂志和电视节目,网络上关于协会和余大爷的信息相当丰富,余大爷已然是一位社区保护明星。

高效的巡护队伍

保护行动的有力实施需要一支有力的巡护队伍。协会会员从最初的 20 余人发展至今已有 80 余人,其中还有 10 位以上是周边村社慕名加入的,协会覆盖面也从本村到乡县一级。

按照人员结构划分,协会成员可分为三层:最为核心的一层即余家主要劳动力,共 5 人,负责大部分时间的巡山工作。第二层也是协会的骨干力量,即能够主动制止盗猎活动的,有 20 多人。其余的近 60 名会员构成协会的最外层,从事宣传、举报等支持工作。因为放牦牛的原因,平时的巡山由最核心的 5 人完成,在巡山的同时,他们也趁机带些盐给自家山上的牦牛。有时牦牛跑丢了,他们还需要上山找牛,这也和巡山活动结合到了一起,增加了巡山的频率。

有效的执行也体现在有效的处罚上。第一次处罚是 2005 年 10 月,巡护队员抓到 4 人违反规定上山偷猎,其中,有 3 人按照规定交了罚款,有 1 人拒不交款,协会将其上报交到乡里,最终也受到相应处罚。这次罚款共计 800 余元。协会也因此积累了经验,"发现盗猎者后,协会组织多于盗猎者人数的会员与盗猎者对峙,不直接送林业公安,而是抓后对其宣教,宣传动物保护;不主动发起争执,尽量使自己处于对峙的有利位置;如发现对方有武力倾向,尽快控制武器,掌握主动,也因此,冲突时有些队员受过伤。""如果承诺不再犯(有的还会提供盗猎信息),就不再追究。如果反抗激烈,就交给林业公安处理。当地林业公安也很得力,只要协会打电话报案,1 小时内就会很快赶来处理。"

可持续性

谈到可持续,人们首先想到的是资金来源。运营协会、组织巡山都需要资金,余大爷如何来支撑? 余大爷和他的协会坚持巡山多年,很多时候还需要雇人巡山。尤其在 2008 年"5.12"地震以后,雇人巡山的价格一直上涨,每天的误工费从过去的 50 元、100 元,一直涨到地震后的 150 元。按照协会公布的巡山计划,每年的巡山误工费大概在 2~3 万元,这不包括最核心的余家 5 人的费用,余大爷规定:"自家人巡山不发误工费。"

从协会受到资助的情况来看,仅前述国际组织和国内机构的支持,自协会成立至今总计得到的支持资金约为 17.6 万元,其中很多是购买装备、设备、宣传材料以及能力培训的费用,项目资金有用途的限制,专门支持巡山误工的费用很少。据余大爷和刘局长自己估算,这些年,余家靠卖牦牛已经为巡山投入16万元,多的时候一年要投入接近5万元,最大一部分就是支付巡山队员的劳务费。特别是在2008年"5.12"地震后～2010年的三年时间,协会没有接到过外部资金支持。

牦牛是余家的主要收入来源,余大爷和他的兄弟一直在九顶山高山草甸放牦牛,这片草场并不属于任何村或农户,而余家兄弟长期在此处放牧,习惯上已拥有了这片草场,村民也都比较认同,牦牛也发展到400多头的规模。当问及其他村民为何不上山养牦牛时,一些村民回答:"购买小牛成本很高,投入不起","家里没有劳动力,放牦牛需要太多劳动力","草场面积不够大,现在的牦牛数量已经很大,再增加牦牛养不活。"

如今,余大爷兄弟前些年因车祸去世,其儿子,也就是余大爷的侄子继续履行父亲的职责。卖牦牛是两家主要的生活来源,每两年叔侄俩会驱车拉上50头牦牛到成都郫县销售,灾后重建的新路使得爷俩两个半小时即可到达目的地,当天即可来回,节省了很多运输成本。牦牛销路一直很好,价格也不断上涨,近几年,每次牦牛的销售收入可达到20多万元,平均每年有十多万元的稳定收入,这与当地收入水平相比已经十分可观,且牦牛的饲养成本主要在人力,利润比较高。茶山村并不富裕,如今有1/3青壮年常年外出打工,年龄稍大的只能留在村里种地,当地条件也只能种些莲花白、西红柿等贴补家用。依托牦牛产业,余家在村上是比较富裕的家族,而且人丁兴旺,在村上有一定的影响力。

除牦牛外,余大爷和他的协会也承担了一部分生态旅游接待功能。九顶山最高海拔近4989米,是登山爱好者的理想之地,近年来,每年都会有固定的登山队到村里。余大爷家已经具备了一定的游客接待能力,同时,也带动了一些会员家庭为游客提供食宿。旅游旺季时,余大爷家的人络绎不绝,特别是登山队来的时候,每次都需要余大爷组织十多名村民陪同登山,做向导、背行李、背粮食、做饭等,为当地经济注入一股新的活力。按照目前的发展进度,以后的接待规模还会不断扩大。而这些"游客"本身也环境保护主义者,有些是因为十分仰慕余大爷的所作所为,对余大爷的保护行为十分认同,这在一定程度上又激励余大爷继续做保护。由于这种方式既做保护又有收益,而且客户又是十分关注生态的人群,协会可以边当向导边进行巡护工作。在这个过程中,社区保护的目标已经悄然发生改变,也不再可能有捡10万个猎套的辉煌故事。或许这样的成长是我们所期待的——边经营,边巡护,把威胁持续地减少——社区保护本应该长成很多样子。

值得深入研究

故事到这里应该结束了。其实不然,在这个案例中,还有很多值得分享的信息。余大爷和协会丰富的经历非常值得研究和学习,在此,该案例收集了一些不同的声音和问题与读者分享:

(1) 余大爷的保护是不是社区保护?

大多数人都认为,余大爷的保护就是主流认识上的社区保护。因为这是一个社区自发行为,并且全村有很多人参与进来,全村都支持协会的保护工作,保护成效也能够有很好的展示,如搜查猎套数量、野生动物数量等都是很具说服力的数据。

不认同这是社区保护行为的人则认为,这是一个家族承担了社区层面上的保护工作:因为牦牛的关系,九顶山的保护与余大爷的关系最为密切。茶山村村民只有余家从九顶山获得了牦牛收益,草场资源只有余家在利用,而草场并不属于任何人,余家和其他巡护队员又是雇佣关系,也就只有余大爷有无偿巡山的动力。

(2) 余家和协会的关系?

协会的运营需要大量资金,这是一个问题。值得敬佩的是,这些年余家一直在用卖牦牛的钱来支持着协会的运营。资金成为长期困扰协会的一个难题,好在牦牛的经营不需要更多的流动资金,且收益比较稳定。虽然 2013 年陆续收到多笔资金,但并没有针对巡护队员补贴的资金支持,余大爷自己投入最多的也是巡护队员的劳务费,因此,现有支持还不能解决余大爷的问题。

然而,在牦牛和巡山之间是一笔说不清的开销,雇人上山修路、雇人上山赶牦牛、雇人给牛打耳标等费用与巡山费用无法单独折算,放牧牦牛和巡山不仅区域重合,路线也十分重合。巡山和放牧牦牛已经整合成为余家生活的一部分。正因为这样,余家事情和协会的事情有很大的重合且难以划清边界,即使协会的账务可以分清,协会在将来获得外部资金支持时,尤其是对于巡山队员劳务费的支持,如何说服资助方,说清楚资金用途,这都是一个不小的挑战。

(3) 保护行动和成效的持续性?

综合九顶山野生动植物之友协会的成功,其原因主要有以下几方面:

首先,资金来源可持续。余家有牦牛生计的支撑、两家 400 头牦牛,每两年卖出 50 头左右牦牛,收入 20 多万元。其中每年拿出 4 万~5 万之用于协会开支,主要为基本运营费用、反盗猎繁忙的季节雇佣会员巡山。

其次,来自政府的支持。林业局和森林公安都非常支持协会工作,并给予了协会保护监督权。在抓获违法者,经劝告不听者被上报到乡政府或森林公安时,乡政府和森林公安响应及时,能够在 1 小时内到达现场处理报案。这让余大爷觉得有支持的力量。

第三,社会力量的支持。协会先后有知名国际环保组织合作及奖励,创造了许多筹资、宣传展示的机会,扩大了知名度。协会参与各种公益组织活动,不但获得了资金支持,如摄影技术等能力建设方面也得到了加强。一系列的社会力量支撑,使得协会在公益组织、政府、媒体、企业等圈子的知名度也得到提升。

第四,自身的坚持。

上述各方面因素发挥比较充分,且配合较好,使得协会能够成为本土持续的保护力量。

从社区保护研究的角度,系统地思考可持续社区保护的形成,从保护协会能够形成、保护动力能够持续、保护制度能够落实这三个方面系统地看待社区保护,相信在九顶山的案例中这几方面力量的集结起到了关键作用,使得社会支持、政策扶持、资金持续、自身坚持等因素能够在协会和余大爷身上得到完美体现。

评论

李晟之(四川省社会科学院农村发展研究所副研究员)

对于九顶山野生动植物保护之友协会和余家华本人,我深感钦佩,而且希望给予更多的支持,并衷心希望出现更多类似的案例。

但对于外部干预者而言,则需要有清醒的认识:余家华开展野生动植物保护、组织保护性协会,或许不完全是因为热爱野生动物,也有可能是因为保护使其受益,而这种受益可能会影响到其他的村民不能去九顶山高山草甸这样的公共池塘资源放牧。

有很多的社区保护领导人,也许并非外界想象般单纯,但一旦听到这样的消息,应该宽容地看待他们,如余家华。但从长远看,为了自然资源可持续利用,社区中不能只有余家华,不能仅仅依靠强人及其经营的差序格局形成的小圈子来做保护,还需要发动更多的社区成员。

田犎(山水自然保护中心高级顾问、保护国际 协议保护项目亚洲区主管)

怎么看待社区参与保护是非常重要的。社区其实是多目标的,保护只是其中一块。自己琢磨,我们自己是否还停留在"做保护是一件高尚的事情"这个道德高地出发点上? 所以我们一定要找到一个高尚的动机才认为这个是社区保护? 这一点我们就做过很多探讨。其实,最好的社区保护不是非要像保护区那样去巡逻,而是社区内部的自我管理,对生产生活方式的一些调整,从而能够减缓和应对那个地区所受到的威胁。

社区保护本身很值得推动的另一个原因,就是它的额外性低。不一定非要是"正儿八经"地巡逻。上山看牦牛在前还是巡护在前,其实都不重要,重要的是这两者有了结合。社区未必需要专门去安排类似保护区这样的巡逻,上山采蘑菇可以顺带照看一下,去放牧牦牛也可以顺带照应一下,这样的时常照看比固定一星期走一次样线并不差。正因为这样的额外性低,它才具有了低成本高效率的特点。我们应该探究社区保护的动力来自哪里。如果社区因为保护使得他们的牦牛更安全了,所以他们愿意去做保护,这恰恰是找到了切入社区保护的钥匙。就好像李子坝(案例一)的农民因为越是保护好森林资源,他们的茶叶质量才会越好一样。这样的契合度越高,保护的动力越强,机会成本越低。

何欣(山水自然保护中心 三江源项目主任)

社区保护动力是一个好的主题。激发社区保护的动力并促进形成社区在保护和资源管理上的行为规范,这些工作都应该计入保护的成本,在进行生态补偿机制的设计时,应该需要加以考虑。社区保护其核心就是社区自己制定并执行资源管理制度。

霍伟亚(青年环境评论 主编)

余大爷把牦牛生计和巡护有机结合起来,体现了社区精英的创新和能动性,低成本地完成了反盗猎的保护目标是值得称赞的。其实,对于余大爷和他的协会,最让人不安的是公益圈、媒体圈对余大爷的态度:仅仅关注余大爷,站在道德制高点上去支持他、称赞他,这不禁让人有些担心。因为我们不但应关注什么是社区保护的问题,关注保护的动机和动力的问题,同时也应该关注社区保护力量如何成长的问题。

陈泉(山水自然保护中心 项目协调员)

从土地政策未来的趋势看,土地的权属是会越来越明晰的,土地的所有权和使用权也会更加清晰地界定。而余大爷无偿地利用国有资源草场、通过养牦牛获得的收益支持保护,让保护持续下去是很好的。但如果有一天,出于国土资源安全的考虑,余大爷不能在国有的草场放牦牛了,最主要的经济来源被切断以后,持续性的问题又会跳出来。

案例六　社区保护与社会资本的联姻

生态保护资金有很大一部分来自社会捐赠,而一些捐赠者已经不满足于简单的资金支持,而希望更直接、深入地加入到保护行动当中。自林权制度改革以来,国家确定了商品林、公益林分类经营管理的方式。尤其对于公益林保护,国家和集体的权属格局错综复杂,社会资本要想直接参与到公益林保护还面临很多政策制约,对于直接参与集体公益林的保护则更是障碍重重,集体所有往往意味着分散的权属,例如,农村集体所有的公益林,面对社会资本进入,集体行动和协商条件都很难实现。

新瓶颈与新机遇

自 2008 年,《中共中央 国务院关于全面推进集体林权制度改革的意见》(简称《意见》)正式出台以来,这被号称新中国历史上的"第三次土地改革"轰轰烈烈地开展起来。这次集体林权制度改革(简称"林改")是继 20 世纪 80 年代"家庭联产承包责任制"后的又一次土地产权的重大调整。因分田、分地到户,家庭自主经营后,中国传统的种养业生产力得到极大释放,主要表现为农户生产积极性大幅提高,农业劳动生产率大幅提升,粮食产量大幅增加。改革开放 30 年后,中国林业生产力发展缓慢,集体林区纠纷不断,森林经营不可持续、生态环境受到威胁等问题凸显,这和产权明晰的农地形成鲜明对比,而产权模糊是集体林经营问题的主要因素。

这次林改的主体改革以明晰产权、勘界发证为主要内容,全国各省各地区历时 3～4 年,初步建立了清晰的集体林地产权制度。尤其是进一步明晰了林地用途,《意见》强调:"放活经营权。实行商品林和公益林分类经营管理,依法把立地条件好、采伐和经营利用不会对生态平衡和生物多样性造成危害区域的森林和林木,划定为商品林;把生态区位重要或生态脆弱区域的森林和林木,划定为公益林。对商品林,农民可依法自主决定经营方向和经营模式,生产的木材自主销售。对公益林,在不破坏生态功能的前提下,可依法合理利用林地资源,开发林下种养业,利用森林景观发展森林旅游业等。"

林改要求对集体林地以分山、分股等不同形式将产权划分到户,通过集体协商确定集体林经营管理方式和利益分配方式。在 2012 年主体改革完成之际,商品林生产力得到有效释放,而公益林却由于《森林法》《国家林业局关于切实加强集体林权流转管理工作的意见》等规定的生态安全因素受到限制,森林旅游和林下种养等产业开发受到交通、地理条件、市场、融资等诸多条件制约,而公益林区往往地处山区,在这些条件上不占优势。从林业经济发展来看,公益林没有像耕地和商品林那样因产权明晰而释放活力,尤其是处在公益林区的农村社区,公益林的经营最重要前提是保护生态环境,只能发展"不砍树经济",集体公益林的深化管理遇到瓶颈,虽然权利下分到户,但由于对百姓没有足够的激励机制,导致这些林地既不能有效利用,也难以强化生态服务功能。

集体公益林的政策措施也在这次集体林改的范围内,例如,国家对于生态公益林补偿机制,国家财政支持建立森林生态效益补偿基金制度,建立支持集体林业发展的公共财政制度。各级政府要建立和完善森林生态效益补偿基金制度,按照"谁开发谁保护、谁受益谁补偿"的原则,多渠道筹集公益林补偿基金,逐步提高中央和地方财政对森林生态效益的补偿标准。为了更进一步释放林业生产力,各地政府纷纷出台相应配套政策,允许为林业发展多渠道筹集资金,集体公益林经营管理对社会力量不再排斥,使得社会资本有机会投入林区。

社会资本的公益理念

在农业经济学界一直有这样的警惕,城市工商资本下乡到底是好是坏?因工商资本在城市投资过剩,外溢到农村,使得更多的资本流向农村寻求增值空间。好的方面是工商资本将更多的信息、技术、市场资源带到农村,为当地农民找到更多收入渠道;而坏的方面则是工商资本利用农业资源、套取农业政策项目的案例比比皆是,甚至有的企业在农村投资大规模养殖场,导致耕地、水源的污染和破坏,最终企业搬迁,留下难以恢复的农业资源。直到 2010 年,我们对资本下乡的看法才有所转变。

2010 年,十几位知名企业家看到,现有社会参与的公益林保护项目,因为权属的限制,没有办法在项目点掌握充分的话语权来开展保护工作。同时,因为资金和项目周期的限制,也没有足够的资源在一块公益林地开展长期的、连续性的保护和科研工作。基于这两点,现有社会参与的生态公益林保护成效并不明显。因此,这些企业家们先期投入上千万元,成立了非公募基金会来支持自然保护工作,并强调了这些资金是完全用于公益的,第一个试验对象就是公益林地。企业家们试图通过委托基金会"购买"有保护价值公益林地,像保护区一样将其保护起来,建立民营的保护区。立刻,一些敏锐的媒体找到线索后便开始报道,然而报道的着眼点是这些富豪把兴趣转移到林地,甚至对富豪大手笔投入公益林保护的动机和目的展开了各种猜测和评论。其实,当基金会的项目人员选点的时候,很多地方政府也十分警惕,因为,自集体林改以来,正式的"购买"或者说流转公益林地还没有过先例,这样做存在风险,流转后的用途难以保证。

自1956年建立第一个自然保护区以来,中国现已建成自然保护区2538个,保护着全国约15.13%的国土面积。自然保护区的生态服务功能已在促进应对气候变化和社会可持续发展等方面扮演着不可替代的重要角色。然而,由于中国财政资金有限,保护区往往缺乏充足可持续的资金来源,以至于没有足够的保护能力甚至统一规划来实现保护区的有效管理。加之,保护区周边社区往往是经济欠发达地区,社区"靠山吃山"的传统自然资源利用方式使得保护区和社区之间的矛盾与生俱来且难以调和。这些因素极大地制约了自然保护区功能的有效发挥。

事实上,虽然近年来,国家财政积极地加大了对自然保护区的投入力度,自然保护区缺乏足够的资金支持的现状还没有根本改变,显然,资金分配不均衡和使用效率不高是问题的根本原因。根据中国人与生物圈国家委员会完成的"中国自然保护区可持续管理政策研究(2007)"显示,"近十年来,中国平均每年在自然保护区的投入不足2亿元,发达国家用于自然保护区的投入每平方千米每年平均约为2058美元,发展中国家为157美元,而中国仅为52.7美元,即使在发展中国家中,我们国家也几乎是最低的。"我们没有找到更新的数据。但由于财政资金有限,社会资金投入渠道受限,至今中国在保护领域的投入总量仍然偏低。

为此,国家陆续出台了一系列相关政策,为未来自然保护和社会经济发展提出了更多的思路,国务院在《关于全面推进集体林权制度改革的意见》等政策文件中明确了新的思路,提出了引导多元化资金参与生态建设的策略。因此,在已有体制下保障财政资金投入的稳步增加为前提,积极引进社会资金、拓宽融资渠道,建立多方参与的管理体系,增加对保护资金的投入,提高资金的管理和使用效率,充分发挥保护区的社会和生态功效,实现生态保护和可持续发展的双赢,已成为目前最紧要的任务。

　　基金会的成立无疑首先解决了资金问题,也就是长期性和连续性的问题。剩下一个问题是,是否能够获得林地,有充分的权力开展保护和研究工作,这是权属问题,必须要在现有法律法规下尝试一些突破,基金会准备开始实施这样的"民营保护地项目"计划。

项目落地——民营保护地

　　森林是十分特殊的自然资源,为人类提供了涵养水源、防止水土流失、调节气候等诸多生态服务功能。毁林开荒的时代一去不返,尤其在四川,滑坡、泥石流等自然灾害频繁发生,森林的重要性更加凸显。公益林被严格保护作为一道政令得到贯彻。

　　关于地方政策,从林地保护角度而言,四川的比国家的要求更加严格,以砍伐指标为例,在林地生态价值较高的区县,各地方政府往往降低砍伐指标甚至禁止砍伐,从而规避砍伐带来的风险。

　　在法律规定中,《森林法》中规定仅防护林和特种用途林不能转让。《中共中央国务院关于推进集体林权制度改革的意见》中指出,公益林流转的前提是不能改变其用途。《物权法》中则规定权利人可以通过处置其承包林地使用权和林木所有权来实现其自身的用益物权,而在大部分林地被划分为公益林的平武县,体现物权法的精神仍然需要时间。

　　国家林业局的最新规定明示公益林暂不进行流转,冻结国有林流转。针对集体林流转办法,目前仅有对商品林的系统规定,在地方上公益林还是按照"特事特办"的原则,但至少当前对于公益林的流转是严格管制的。从上述政策法律文件中可以看出,公益林流转本身是林地流转工作的一块空白,在不改变林地用途和社区受益的原则,流转的可能性比较大,而重点在于流转的方式,即是转让还是转包、出租、入股。转让涉及林权主体变更,需严格按照现行出台的管理办法实施,手续比后三者更为复杂。四川作为林业生态大省,对于林地的地方政策规定相比于国家政策法规是从严的。建立民营保护区对国有林和集体林的地块选择,首先就碰到林权问题,而在林权改革的背景下,林地权属已经是清晰的,而执行主体仍然处于缺位状态,没有也不能找到可以代表国家和集体利益的权威。当地社区是离不开利益相关主体的,虽然在国有林和集体林建立保护区各有优势,但国有林对集体林是包含关系,即在国有林成立保护区必须照顾好社区利益,而在集体林可以不必考虑林场利益的复杂关系。不过从保护价值角度,国有林更有优势。

以四川省 P 县为例,从国家主体功能分区的角度看,P 县大部分公益林区属于限制或禁止开发区,这无疑对于解放当地林业生产力也造成不小的压力。从以上各种政策法规内容上来讲,对公益林中国有林和集体林流转方面的规定还是各执一词,还没有严格、系统的规定。这为以后民营保护区项目提供了一个很好的探索时机,而由此产生的问题和不可预测的风险,随着项目的推进也会逐渐增多。而如何能够经得住法律法规的考验,在现行政策法律条件下寻找突破口,同时能够获得政府层面的支持,是推进民营保护区项目的先决条件。

根据保护价值评估,基金会的民营保护区项目计划在 P 县 M 村选点落地。该地块包含三大块不同权属林地:国有林地、乡有集体林地、村有集体林地。

国有林地一直由一家 L 林场(企业)管理。在天然林停伐后,该林场由砍树变为种树,封山育林至今已有十多年,林场拥有 20 多名职工,主要靠国家的天保工程资金维持。

确定了项目点后的第一个任务是寻找突破口,如何获得这块权属复杂的林地?这片林地大部分是国有林地,不可能流转给基金会。虽然集体林改对于林地流转更加开放,但集体林改政策对于公益林的改革比较模糊,即使属于村上的集体林,为了保障生态安全,一般也没有将林地划分到户,只是确认了每一户在集体公益林中所占有的股份。基金会通过咨询法律和政策专家,并经过多次研讨和论证,决定将公益林流转作为突破口,因为国家规定的"暂不流转"林地并没有反对不改变公益林用途的流转。

在操作层面上,国有林和集体林区有很大的差别。它们分别涉及林场职工和社区百姓,启动一个林产公司的林地流转和启动一个社区的是不同的。在社区的林地主要体现在社会关系上,很多社区工作需要长期的交流和协调,而国有林或林场则主要体现在经济利益关系,且谈到资产转让时涉及国有资产处置问题,较为复杂;社区农民需要在付出劳动的前提下,在林地或以外地区获得可持续发展的机会,从而提高其经济收入。而于国有林或林场的职工,由于目前天然林禁伐,这些人仅靠天保资金维持生计,除承担巡山、护林防火的职能外,在林场周边进行一些闲散的种养殖活动,生产力较低,因此,谈判达成则是完全需要通过资金来协调。

从政府的角度考虑,政绩考核的内容具有很大的激励作用,农民增收往往是政府最优先考虑的。因此,社区发展项目对于民营保护区而言是必要的,同时,既是政府的需要,也是社会价值的诉求。对于公益保护地项目,虽然仅从保护区目标角度考虑,单 L 林场的协调就能满足项目目标。因此,不管是选择国有林,还是集体林作为保护区,其周边的社区永远是需要考虑的。而在选择国有林时,林场工人的利益也是决定项目成效的关键因素,甚至用于国有林所需的人力成本、时间成本和未来的资金成本要远远大于满足社区的需求。

从社会公益资本所有者角度考虑,项目选择主要涉及成本问题和操作的复杂程度。实际操作过程中,不仅仅需要考虑资金成本,更要注重操作的可行性。直接购买林地无疑需要大量的资金,而通过行政手段可以取得国有林和(或)林场的管理权,不但可以免去大额资金的付出,而且更重要的是,通过政府的行政程序运作能够尽快敲定地块,因此,后者是有效率的做法。而选择社区的工作量则会十分巨大,协调关系也需要很长时间,甚至社区营造的时间是项目实施无法承担的,而且价格也不容易短期内达成共识。

基金会一开始就在考虑如何处理社区关系,最终计划将保护地范围扩大到周边社区 M 村。而对于权属集中的两个区域,一个是国有林,另一个是乡有林,经过从上到下的政府部门沟通协调,最终 P 县县委县政府决定委托基金会管理国有林 50 年,同时 G 乡乡有集体林有偿流转,M 村及其集体公益林纳入该民营保护区统一规划,L 林场职工保持原有身份及待遇,同时一起纳入民营保护区管理体制,并追加部分薪酬及绩效,最终在 P 县推动建立起真正意义上的民营保护区。

永远也绕不开的社区经济

在项目落地初期,基金会建立的专门团队对 M 村进行调查。虽然社区百姓比较支持保护工作,也都认为保护好村子周边的国有林是好事,但他们始终认为保护区工作离他们较远,而他们的最大需求无疑是如何发展产业并增收致富。

M 村是比较偏僻的村子,在一条沟的最里面,背靠着国有林,即现在的民营保护区,当地农民在自己的 1000 多亩田地上耕种,基本保证了粮油和蔬菜的自给自足。自改革开放以来,传统的生活方式基本没有变化。一名专家到访 M 村曾说:"有这样好的农业生产条件,在改革开放 30 年后仍然保持着原有耕种方式十分少见。"在整个乡中,M 村的农业资源是比较好的,由于不靠近交通要道,没有实施退耕还林工程,保留了大片田地,生产方式比较传统也是比较生态的。

项目最初的想法是将 M 村的生态农产品以较高的价格卖出去,开拓常规市场,或者直接卖给基金会企业家的圈子。然而,从现有的市场化角度来看,在一个村域范围内,即使有上千亩良田,由于远离市场,交通成本高;分田到户后,农户已形成根深蒂固的小农生产方式;山形地貌也没有特别之处,因此,发展生态农业几乎没有优势。尽管如此，订单农业的模式还是给社区带来一些希望。有了企业家的资源，基本不存在市场问题，首先应面对的是如何开发出原生态产品和组织分散习惯的农户从事生产。为了满足订单的质量要求，不能进行规模化大生产。

订单内容终于从5斤油、10斤米、一只鸡、一头猪等开始了，经过筛选，在全村300多户中仅挑选出6户生产积极性高的农户进行生产对接，这让期盼很久的其他农户不满意。实际上，为了保证产品质量，6户的破冰之旅也仅仅是个尝试，难以满足对项目期望日益膨胀的社区的需要。在M村社区看来，基金会是来做项目的，而大部分精力都投入到国有林和乡有林的保护工作中，农民从此也不能进入保护区。M村对基金会的期望也只能停留在多投入产业发展项目，把经济发展起来的目标上。

二元结构与可持续性

由于项目初期重点放在了面积更大、保护价值更高、经官方委托授权或流转的国有林地上，而国有林和乡有集体林地里并没有社区，因而为理顺工作机制，项目前两年的主要精力并没有集中到社区上。从企业家或基金会角度来看，社区保护只需考虑让社区参与一部分保护行动，最简单的就是社区不反对周边国有林的保护（如，不去国有林区打猎、挖药等）。然而通过民营保护区的建立，带动社区发展一些生态产业，使村民致富，是项目进入社区时要面对的最核心问题。因此，从现有的管理方式来看，这样的联姻基本只停留在基金会和国有林及乡有集体林地的层面上，与社区的关系有些隔离。

其实，由这些企业家推动建立的保护区并不是第一个民营的保护区（因保护区需要根据专门法律法规标准建立，在未被政府批准成立之前，严格来讲，只能称为民营保护地）。四川余家山有一个由地方政府批准建立的民营自然保护区。1999年前，一位木材老板通过流转集体林地建木材加工厂，为了方便木材运输，投入大笔资金修路，正当路刚刚修完，木材厂准备砍伐木材进行销售时，赶上国家天然林禁伐政策，一道禁令让木材厂变为保护区，从此封山育林。这位老板没有办法，只能转行，且按照规定必须要承担天然林的保护工作。为了防止出现森林火灾，他不得不请人巡山守林，为此，他不得不一直为他的林地"输血"，几年累计下来也投入了上百万元，直到近几年，才在当地林业局的帮助下，争取到一些项目资金勉强维持保护区的日常工作。这位老板为运木材而修的路解决了村里的交通问题，使周边的社区成为最大的受益者，社区也因此与这位老板相处十分融洽。在县政府、县林业局的大力支持下,余家山最终获批建立县级自然保护区,并获得一部分财政预算的支持。

联姻的反思

在 M 村,村民对这个民营保护区的情绪来自于二元结构,基金会重保护区管理而轻社区建设的做法,并设法将保护区与社区隔离在一定程度激发了社区早已习惯的国有林地的拥有感。

因为长期生活在公益林区,社区最有可能成为其周边公益林的长期守护者,也是持续的守护力量。基金会直接出资并管理,将社区周边国有林变成外部社会力量代表的民营保护区,虽然解决了资金问题,但当老一批的林场工人退休,保护区如何吸纳新的保护力量? 如何就近鼓励社区保护力量的成长? 这些是需要深入考虑甚至反思的问题。社会资本通过拥有土地权属(事实上,仅是长期拥有土地使用权)进入生态保护是值得肯定的。然而,更复杂的问题在于,社会资本强势进入保护地给周边社区带来巨大的影响,由于社会资本对保护地保护成效的硬指标要求,导致 M 村社区与背后国有林割裂,同时,社会资本给社区带来同步的发展机会相对不足和滞后。因此,社会资本下乡能够实现与社区保护真正的"联姻"是一个很难、很漫长的过程。在这个案例中,社区、社会资本的目标不同、谈判地位不对等、利益分配不明晰、信息不够公开,虽然这次社区保护与社会资本的联姻是一次有意义的尝试,但仍然深陷"二元结构"中难以自拔。从持续性角度而言,虽然社会资本占优势和主导地位,但对于社区的重视是不能够忽略的,因为对于土地来说,当地社区才是真正的"主人",而社会资本再具有优势也仍然是一个长期的"过客"。

评论

霍伟亚(青年环境评论主编)

社会资本往往带有经营性的目标,而这篇案例介绍的是社会资本试图以纯公益的方式,通过"购买"公益林地获得相对充分的保护权和排斥权,基于林权改革进行了突破,通过政府委托、流转集体林的方法获得林地;而代表社会资本力量的企业家对于这片公益林也应做出保护的承诺。

民营保护地有可能是未来的趋势,更多有社会责任感的企业投身这个领域,会推动保护体制机制的创新,让生态保护更加接近公众,更加接近市场,更加有生机和活力。

主流的资本和市场因素,潜移默化地对社会因素产生了"挤出效应":传统知识、传统文化甚至农村传统的社会结构慢慢消退,用强有力的保护手段,如资金、行政手段,将社区推到保护区以外的做法是比较传统的,拒绝保护区对社区的开放,难免走回社区与保护区矛盾关系的老路。我们比较期待社区保护和社会资本的联姻。

李晟之(四川省社会科学院副研究员)

在新一轮林改政策下催生出的新型保护地模式,尽管会面临众多的问题与挑战,然而仍不失为林改与保护区管理结合的有益探索。在新的市场经济条件下,社会公益力量积累了丰富的改革经验和成果,如何将新的政策和这些改革成果以及市场经济带来的公益资金运用到急需投入的广大林区,建立新的保护秩序和管理体制,弥补现有国家财政资金投入不足,将保护事业推向全社会,是当前应着力考虑的问题。

主体改革与保护工作的结合建立起了新型的民营保护地模式,使得公益型的社会力量得以参与这场保护事业改革。林改的配套政策同样为保护工作提供了大量的机遇,自新农村提出以生产发展为首句的"二十字方针",促进山区、林区的农民脱贫致富一直是全社会共同关注的重大议题。从政策角度来讲,经济发展是摆在当前的首要问题,林改政策的初衷也是通过赋予林农物权法意义上的林权,从而提高可持续的经济收入,而这一切的前提则是要求保障森林资源原有的生态服务功能。因此,在制定林改配套政策时,应将保护部门意见和国家主体功能区划的内容作为重点考虑内容;同时,关注社会需求,争取社会力量的积极投入。

案例七　云塔的社区保护基因

....

缘起

　　在中国青海三江源区域生存着一种神秘的大型猫科动物——雪豹。在食肉动物界里,雪豹是生存海拔最高的物种之一。三江源的雪豹一般活动4000米以上的高山裸岩区域。作为国家一级保护动物。在中国红色名录的保护级别是极危,甚至是在中国种群数量比大熊猫还要少的珍稀物种。作为三江源区域的旗舰物种,雪豹处在食物链的最顶端,"如果在一个区域还能够看到雪豹,那么证明这个区域的生态系统是比较完整的。"北京大学保护生物学教授吕植如是说。

　　然而,近几年来,雪豹及其生存环境遭受的威胁越来越多,也越来越频繁。随着中国西部大开发战略的推进,西部地区的开放程度越来越高,开矿、水电站、偷猎(其主要食物来源岩羊也是偷猎的主要对象)等合法的、非法的人为干扰活动增多,使得雪豹种群数量及其栖息地面积日益缩小,雪豹物种繁衍受到威胁、藏区神山圣湖文化也受到挑战。保护三江源生态环境已经刻不容缓。2011年11月,国务院决定建立"三江源国家生态保护综合试验区",在三江源国家级自然保护区开展保护的体制机制创新,进一步肯定了以农牧民为主体开展生态保护行动的重要性。在此政策背景下,社会各界积极投入到三江源生态保护的工作中。2012年,北京市企业家环保基金会(简称"SEE基金会",由阿拉善SEE生态协会独立出资成立)与山水自然保护中心开展长期战略合作,发起了"自然家园守护行动"项目,致力于推动在三江源玉树藏族自治州(以下简称"玉树州")地区开展生态保护创新实践和系统研究工作,进而调动农牧民参与保护的积极性,守住生态底线。

以冬虫夏草闻名的云塔

2010 年,"4.14"地震后,地处三江源的玉树县在党和政府的大力支持下,无论从基础设施建设还是产业经济发展都走向了新的高度。在三江源区域,有一项特殊的产业——冬虫夏草(简称"虫草",在国内市场俗称"软黄金",按照现有市场价,是一种堪比黄金还贵重的珍稀药材)。自 2005 年以来,虫草价格逐年上涨,如今每年玉树州虫草产业的产值已经达到 10 亿元左右,甚至超越玉树州农牧业产值,成为该地区的支柱性产业。玉树州的虫草远近闻名,是青海省品质最好的,2013 年玉树不同等级的虫草价格已高达每斤十几万元甚至几十万元。

在三江源有"玉树最好的虫草在哈秀,哈秀最好的虫草在云塔"的说法。云塔是一个因虫草资源而富裕的藏族村,它位于玉树县哈秀乡,处在玉树县最北部的通天河沿岸,平均海拔 4000 米以上。

云塔村是哈秀乡 4 个行政村之一,距离哈秀乡政府约 40 千米,因道路条件差,40 千米路程开车需要 1 个半小时左右。全村共有 3 个村民小组(也叫"社",分别是云塔行政村下的 3 个自然村),全村共 300 余户,1200 余人。云塔村三社毗邻通天河畔,相比一社、二社,是云塔虫草资源最丰富、品质最好的地方,也就是说,在整个玉树,三社的虫草是价格最高的,因虫草资源,三社的户均年收入达 20 万元以上。三社现有人口 132 户,526 人,拥有可用草场面积 21 万余亩,因虫草已经给当地带来足够丰厚收益,三社养的牦牛已经很少,其规模仅够满足牧民对牛奶、酥油等牧副产品的需要。

项目的起点——研修生

赵翔,1989 年生,江苏扬州人,自考入四川师范大学起就参加了绿色学生组织网(GreenSOS)——一个专门服务于中国西部高校环保社团的资源网站。他在大学时代就在 NGO 圈子里小有名气,大三时当上了项目总协调,大四(2011 年)时,因为项目合作的关系,加入了山水自然保护中心。

山水自然保护中心要求作为员工正式进入之前是做一名研修生,在该中心实践站的项目点进行研修。即选择一个项目点,确定一个研究方向,用一年的时间完成"课题"研究,期满提交研究报告,毕业后正式成为山水自然保护中心的一名员工。因为有相关工作经验,赵翔在研修生阶段已经开始进入员工状态。

社区保护的脉络

在 SEE 基金会与山水自然保护中心正式开展合作以后,赵翔成为三江源团队的生力军,他在确定玉树的工作区域以后迅速开展工作。玉树县当地政府为山水自然保护中心提供了一间板房(地震后,所有的政府部门都暂时安置在县郊的板房办公)作为他们在玉树县城的工作站。在正式入驻玉树之前,山水自然保护中心与北京大学合作已经在前期开展了很多关于雪豹的研究,从雪豹分布点位、生态保护价值、交通条件等综合因素考虑,最终将哈秀乡区域作为"守护自然家园"的项目点。因此,到玉树工作站报到后,哈秀乡便是赵翔驻点的第一站。其实,研修的内容并不仅仅是研究一个课题,在开始的暖场工作也是非常重要的经验积累,这其中包括与政府、村民打交道,如何在一个未开展过项目的区域打开局面,融入当地环境,通过更多的沟通协调来解决工作生活中的各种问题等。

2～3 个小时的车程,赵翔带着行李和他最爱的书从玉树县赶到哈秀乡,首先是拜访乡上的领导,并告知来意。在乡政府分别遇见了乡书记、乡长和乡人大主席。三位领导了解了山水自然保护中心和赵翔要开展的工作后,表示十分欢迎,并热情地在乡政府为他安排了临时住宿。陌生的牧民、陌生的语言、陌生的高原环境,对赵翔而言都是不小的挑战。但三江源对他的新鲜感、神秘感已经超越陌生环境带来的压力,诱使这位青年继续探索:"到了当地之后,我越来越感受到这里的文化、这里的宗教、这里的人,都特别奇妙。我每天都会做一件事儿,就是找一个人聊天,去认识一种花儿,去找一个小动物……那里的一切都是全然不同的。这种花我昨天不认识,但是今天认识了;这个人的故事我昨天没听懂,但今天又有了不同的感受。这一切都太有意思了,所以三江源对我来说每天都有新的东西,每天都有新的收获。"就这样,赵翔开始了他的研修。

可是摆在赵翔面前的第一个问题不是社区工作,不是研究,而是生活问题。他首先是需要选择一个村子、找到一家牧民——能够解决住宿和一日三餐的地方,成为一名项目驻点人员,稳定下来,才能开始研究工作。赵翔除了白天访点,到周边各村踏查,晚上看书以外,在乡里的时间,各种各样的事情只要他能看得到帮得上的,都有他的身影,提水、砸煤,甚至写材料、参与乡事务讨论,时间一久他便成为乡政府的得力干将,与三位轮值的领导打成一片。经过讨论,乡领导最终推荐他去云塔村,住在三社社长家里。项目点的选择不是因为云塔三社有丰富的虫草资源,村民十分富裕,而是因为那里是三江源旗舰物种——雪豹的重要栖息地,在那里能够非常方便地观察雪豹。而正是这样的机缘巧合,让虫草管理和雪豹保护擦出了振奋人心的火花。

一段纠结——社区保护是什么

赵翔内心非常赞同"三江源国家生态保护综合试验区"的创新机制中以牧民为主体开展保护工作的思想,一来到云塔村,便想着积极地寻找可行的办法,推动牧民为主体的社区保护。然而这里的工作远没有相信的那么简单,一切都是从零开始,甚至包括寻找雪豹。虽然是雪豹极易出现的地方,但由于近年人为干扰十分严重,雪豹栖息地缩小,住在这里的牧民已经连续好多年没看到雪豹了。

连雪豹都看不到,要如何开展保护?这位研修生感到十分茫然。紧接着,山水自然保护中心的物种保护科研团队也来到云塔。原来,这里很多事情都要从最基础的做起,做雪豹保护的第一步就是监测,了解雪豹的生存环境,监测雪豹种群数量,寻找雪豹活动痕迹,确定其活动范围等。

这一切和社区保护如何联系,自己要做的是什么?一系列的科研活动和计划掠过赵翔的脑海,这么多科学话题,自己都似懂非懂,如何讲给牧民听。虽然晦涩的科学语言难懂,但落实到行动上就是需要有人带上望远镜、照相机、摄像机等装备爬到指定的地点去观察和寻找。就监测而言,牧民却是最有优势完成这些科研任务的。因为,他们长期生活在雪豹栖息地,熟悉山形地貌,在高海拔区域也有足够体力徒步到接近雪豹的地方,而且出行方便,成本较低。再配合科学团队的设计,便能够得到与雪豹相关的长期的、连续性的重要数据。

于是赵翔与三社社长当文讨论,为村上买来监测装备,确定了几名监测队员,由当文担任监测小组组长,计划着开展监测工作。赵翔最担心的就是让牧民做监测工作,却又找不到这些工作与牧民的直接联系。赵翔的第一个研究课题就是寻找这二者之间的联系,经过走家串户和自己的观察,如同乡领导们担心和抵触的一样,云塔的牧民所反感的是开矿,但是又没有办法阻止。雪豹是国家一级保护动物,这个区域又是三江源国家级自然保护区的范围,只要能够证明云塔村是雪豹重要的栖息地,就有理由说服开矿者离开。抱着这样的信念,在科学团队的支持下,赵翔与三社牧民从雪豹最主要的食物——岩羊开始监测,期望全面掌握雪豹栖息地的重要数据,并提供给科学团队。

功夫不负有心人,经过近两年的观察,在2013年6月,当文带头一次性拍摄到了三只雪豹玩耍旱獭的清晰画面,专家从图像上分析,有一只雪豹肚子隆起,应该已经怀孕。拍摄画面很快上传到了中央电视台,该新闻在全国播出,当文也接受采访描述了这一令人振奋的时刻。

重要的发现——虫草资源管理

研修生除了做监测，还有一项更重要的工作就是观察和了解社区，并在未来推动社区自发、自愿地开展保护工作。开展社区保护工作需要社区有一定的社区管理能力和集体行动力。带着这样的敏感性，赵翔通过融入当地生活去发现和评估社区的这两项能力。

每年5~6月是这里采挖虫草的季节。由于三社有着最好的虫草资源，因此，每年吸引大量外面人员前来采挖虫草。除了销售虫草外，当地牧民最大的一块收入来源就是草皮费（草皮费是针对外来人员到本地采挖虫草而必须缴纳的准入资格费用，在政府文件中的正式名称叫植被恢复费，是一种生态补偿费用。由于采挖虫草会对植被造成一定的破坏，采挖者不但需要按程序采挖，同时还要缴纳草皮费进行补偿。各地草皮费标准不一，有的是政府统一制定，有的是村组自己制定）。2011—2013年，三社草皮费收入直线上升。每年的5~6月间，大批的外来人员到三社的草山上，搭帐篷、挖虫草，往往一待至少就是1个月，每年这两个月草皮费收入奠定了三社的经济基础：2011年，进入三社采挖虫草的外来人员有800多人，草皮费收入达到580万元；2012年，三社外来人员将近2000人，草皮费收入达到882万元；2013年，三社意识到外来人员太多可能造成虫草资源不可持续，将采挖人数控制到1400人，草皮费不降反升，突破1320万元，达到历史最高点。2013年草皮费缴纳标准已经上升到平均每人9400多元。

虽然这样的虫草采挖已经有几十年的历史，但虫草资源是十分有限的，而且已经呈逐年减少的趋势。草皮费缴纳标准和外部市场高速飙升的价格也反映了这一点。

赵翔的敏感帮助他发现了这一现象：虫草资源这么多的利益，同时吸引着大量外来人员，并没有导致恶性竞争，也没有导致虫草资源枯竭，而且能够长期有序地通过不断增长的收取草皮费增收。这里一定有值得研究的管理机制存在。

经过细致调查，赵翔也跟着当文采挖虫草（虽然没有挖到，挖虫草是十分考眼力的），他发现，虫草在村上作为公共自然资源，具有一定的可再生能力。由于每年5~6月份是采挖虫草最好的时节，在这一时间内资源的数量又是有限的。如何实现虫草资源的永续利用，关乎三社的长远利益。多年来，三社已经形成比较完善的虫草资源管理制度，保证了所有社员公平地分配虫草收益。

首先，明确管理人员架构。

三社共有三条沟作为虫草采挖区。由 5 个小组管理(由于历史原因,在社以下还细分了生产小组),分别负责喇莱沟(3 个小组负责)、喇荣沟(1 个小组负责)和果洛沟(1 个小组负责)。成立了共计 12 人的虫草资源管理小组。社长当文作为总体协调人,会计负责记账,每条沟各有 3 人负责收取草皮费和安全管理。管理小组成员也负责检查外来人员是否有采挖证。

其次,确定费用标准。

2013 年,根据虫草资源状况,三社分别确定了三条沟的草皮费征收标准:喇莱沟 11 000 元/人,喇荣沟 7000 元/人,果洛沟 8000 元/人。三条沟的管理人员共 9 人,其中,有组长 5 名,其余 4 人为小组长。每年三社都会给小组成员发工资,2013 年工资标准为:社长和会计每年虫草管理工资 25 000 元/人,组长为 10 000/人,而小组长则是 8000 元/人。

草皮费的分配标准是经社员大会共同讨论出来的。每年用于分配的草皮费是在扣除管理小组工资、村公事务的剩余部分。为保障草场承包人的收益权,剩余部分又被分为两份:其中,20% 的用于平均分配给持有草原承包证的牧民(在 20 世纪 90 年代草原承包到户时确定的牧民),80% 再按人数平均分配给所有牧民(也包括持有草原证的牧民)。这样,拥有草场承包权的牧民可以得到两次分配。

第三,制定规章制度。

为永续利用虫草资源,三社制定了一些详细的规则,比如:

① 每年 5 月 20 日开始进山挖虫草,不得提前采挖。

② 社员可以在草场自由采挖虫草;每年虫草价格标准需要召开大会讨论制定。

③ 外来人员交过草皮费、领取虫草采挖证后方能进山采挖。并且在一条沟缴纳草皮费的外来人员不能到其他沟采挖虫草。

④ 社员负责监测周边虫草采挖情况,如果发现外来人员无证采挖并举报后,罚款的一半将作为奖金奖励举报人员。

⑤ 除了缴纳草皮费,外来人员还需参加 5 天社区公共劳动,如修桥、修路等。

第四,有明晰的管理决策机制。

每年虫草季即将到来时,三社会针对虫草资源管理进行有计划的商讨。

4 月中上旬,村支书、三社社长、会计 3 人负责开会商讨虫草管理计划,包括草皮费缴纳标准、安全管理、虫草资源管理方案等,并上报乡政府。

4 月下旬,三社 12 人管理小组反复开会,细化相关管理规定。如,当年如何激励各户带外人进村、如何分配草皮费、管理小组成员工资、公共资金提留等,形成具体的方案。

5月上旬,召开村民大会,公布当年的治安管理方案、虫草资源管理方案、草皮费标准等管理规定,社员提意见,管理组反馈意见,全体社员投票表决所有提议。对争议很大的提议暂时搁置,由管理小组会下再行商议,确定解决方案后再在村民大会上公布并讨论。这样,管理小组确保所有议题公平公开地讨论,并能有效地做出决策。

在云塔村,这样商议的社区管理制度也扩展到了村公事务,促进了村公事务的有效解决。

云塔管理决策纪实①:"羊倌"和"奶妈"

云塔是传统的牧业村,但是随着经济收入的逐年增加,越来越多的年轻人选择到城里生活,只在虫草季的时候才返回到云塔采挖虫草。

留在云塔的很多畜牧家庭因为经济状况的好转、劳动力的缺乏等原因开始雇佣外地的"羊倌"来帮助放牛。在2010年,村里为了减少畜牧家庭的负担,鼓励牧民留在云塔,讨论同意"羊倌"每年只需要缴纳1500元的草皮费,这成为了外地"羊倌"前来云塔的主要动力之一。到2013年,全村的"羊倌"约有20人。

但是在2013年,"羊倌"的特殊草皮费制度引起了那些没有雇羊倌的已经住在城里的牧户的不满,他们向村里管理小组提出:"既然云塔雇佣的'羊倌'可以有特殊的草皮费,那么他们住在外面雇佣帮忙看孩子的奶妈也应该享受特殊草皮费。"其实"奶妈"是一个象征性的说法,提议的牧民只是希望可以额外获得一个1500元的草皮费名额,可以在外部市场上进行交易。这个提议在村民大会上被人提出,正反两方激烈辩论。于是,管理小组决定在村民大会上暂缓这个提议,会下复议。

在随后管理小组的讨论会上,管理小组的成员一致认为,特殊草皮费制度的初衷是为了鼓励牧民继续放牧,留在草场上,保持云塔村的人气,这是一个更为长远的考虑,而不是简单的经济问题。于是管理小组决定不在全村大的范围内继续讨论这个问题,提议被否决。并提出若谁对这个意见不满,还可以直接找社长登记反映情况。

最终,"奶妈"提议没有通过。

---

① 该案例部分引用赵翔的一手调查资料。

村民资源中心——自下而上的创新

自从发现了三社有这样的社区管理基础,赵翔觉得或许可以在云塔推行一些公共事务,并能够借助这样的管理机制深入开展下去。最初进入三社时他就发现,牧民特别喜欢喝甜味的饮料。经过进一步细致调查发现,由于离玉树县较远,饮料瓶、旧衣物、塑料袋等大量废弃物无法运出去(三社每个家庭一年平均饮料消费大约 7000 元,这直接产生大量废弃饮料瓶),造成了很大污染,牧民和村干部也一直对垃圾问题十分头疼。依托三社的社区管理小组,赵翔最终争取到了公益项目资金,帮助三社修建了垃圾房,制作了垃圾分类的宣传资料,并积极联系乡政府配套资金,三社自己也非常愿意出一部分资金,定期租车将三社垃圾清运出去。从修建垃圾房、宣传垃圾分类,到发动组织牧民开展垃圾清理等活动,三社虫草管理小组都发挥了重要作用,十分有效地进行了组织协调。由于虫草管理小组很快就被赋予了垃圾管理的职能,垃圾管理在三社初见成效。

基于三社具有良好的社区管理和政府合作基础。山水自然保护中心三江源团队将"村民资源中心"的概念引入三社。提出这个概念的初衷是"三江源国家生态保护综合试验区"生态环境脆弱,保护工作财力、人力需求量大而投入保障不足。在现有条件下,急需通过保护工作机制创新,将科研成果转化,进一步发挥农牧民的主体作用,调动农牧民参与保护的积极性,最终能节约操作成本,提高保护成效,产生示范的生态和社会效益。

村民资源中心是在村委会下设立的专注于生态保护的专业项目管理委员会。由村两委和村民组成,负责生态保护项目的落地工作,如进行野生动物监测、自然资源经营管理、反盗猎巡护、反对非法开矿等保护行动。村民资源中心能够在村里找到对生态保护感兴趣、有能力的农牧民,是确保生态保护工作落地的有效载体,负责承接保护项目和宣传保护政策。玉树保护工作地域广阔,操作成本高昂。村民资源中心相当于在各村一级建立了生态保护工作站,缩小了保护范围,能够快速到达目的地开展保护行动且有更强的针对性,可有效节约操作成本,提高保护成效。开展保护行动应对非法活动,尤其针对非法打猎和开矿的行为,反应更迅速,成为更直接更有效的生态保护力量,有效保护国家生态环境和矿产资源。

2013 年,在三社垃圾管理项目取得初步成效后,赵翔及三江源团队趁热打铁,与三社虫草管理小组进行了良好沟通,云塔村民资源中心正式挂牌成立,期望未来基于这个社区基因,三社的社区管理能够得到更多的功能拓展。村民资源中心的尝试得到了玉树州政府的肯定与支持,在云塔村民资源中心试点的基础上,山水自然保护中心与玉树州政府签订了合作备忘录,其中一项重要工作就是将村民资源中心的模式在更多的地方尝试推广。

云塔的新机遇——自上而下的结合

2011 年 11 月,国务院常务会议批准实施《青海三江源国家生态保护综合试验区总体方案》,方案提出要求"要创新生态保护体制机制。……设立生态管护公益岗位,发挥农牧民生态保护主体作用。……"

依托云塔三社虫草管理小组成立的村民资源中心,拥有一整套有效的管理决策机制,正好为落实生态管护公益岗位工作机制、贯彻发挥农牧民生态保护的主体作用打下基础。在村级,由村民资源中心来选取公益管护员,不但能够避免因指派产生的公平公正问题,同时也更能够结合实际挑选出真正爱好、有能力承担生态保护工作的农牧民。三江源农牧民熟悉当地自然环境,具有保护的传统习惯,通过村民资源中心,使得农牧民的保护工作更容易得到专业和职业化的训练,与保护管理部门的工作接轨。

评论

霍伟亚(青年环境评论主编)

云塔是一个特别好的例子,因为在虫草价格上升阶段,云塔的精英、政府官员(可能出于维稳考虑)、村民最终能够出于长远利益考虑,形成适当的虫草资源管理制度,依托这样的管理机制,就是题目所说的"社区保护的基因",能够借此优势试验和推行一些像垃圾管理这样的公共事务。虫草的例子客观上也印证了,足够的利益是能够催生社区内部产生管理制度的。而外部项目进入,往往试图加快建立制度的步伐,这需要对社区有足够的"刺激"。不然,制度在项目结束后难免沦为"美好的回忆"。

这样的机制是自上而下与自下而上相结合的成果。虫草产业是青海省支柱性产业,早期,青海省及地方政府都出台了虫草资源管理办法,从经济发展、社会稳定、生态保护的角度出台了相关意见。云塔是基于这个框架,因地制宜地发挥将社区管理制度落地。而这种自上而下与自下而上相结合产生的制度设计与操作细则是社区公共事务管理尤其是自然资源可持续利用的有力保障,其形成原因和经验值得总结。

赵翔（山水自然保护中心项目协调员）

云塔三社在公共事务管理上，逐渐形成了两个团体，即代表精英的虫草管理小组和代表所有牧民的村民大会。精英作为"代议制"的权力代表，有效提高了分散的社区在决策公共事务上的效率。此外，云塔三社还建立了精英复议的制度，形成了精英阶级和村民大会之间的制衡，在公平和效率之间寻找到了适合的工作路径。

案例八　社区草畜平衡的新模式

··

缘起

　　四川省稻城县木拉乡是一个典型的半农半牧地区,全乡辖区面积 845 平方千米,海拔 3815 米,拥有草场 91.2 万亩,牦牛 8000 余头;木拉乡下辖马武、培考、麦则 3 个村民委员会,10 个村民小组,17 个自然村,涉及 272 户农牧民共计 1600 余人。其中,马武村离乡政府 40 千米,离县城 85 千米,平均海拔 3890 米,涉及 130 户农牧民共计 800 余人。2008 年,该村四大牲畜年末存栏总数为 5229(头、只、匹),其中牛 3800 头、藏香猪 680 头。

　　近年来藏香猪销售情况较好,县委、县政府与一些企业签订合同,合同内容包括藏香猪的收购时间、收购数量、保底价格等,签订后再由乡委给每户确定出栏量。自 2008 年起,县里成立了标准化养殖小区(半圈养方式),养殖大户有 16 户,每户有十多头藏香猪;2013 年,发展养殖大户共有 30 户,销售计划规定每户每年最低出栏 3 头。公司签订的保底价为毛猪 10 元/斤,收购时随行就市,一般一头猪约 100 斤,以前公司只收 80～90 斤的藏香猪,并且有固定的量和标准,太胖或太瘦的猪企业都不收购。经与收购公司多次协商,最终将藏香猪毛猪分成三个等级,即 40～60 斤、60～80 斤、80 斤以上,并分别定价。在发展标准化养殖的同时,县里专门提供饲养技能、防病防疫培训等服务,提高了农牧民的生产能力。国家对养母猪有补贴政策,牧民养猪也有积极性。由此,藏香猪养殖业得到了进一步发展。马武村也因此走上了多元化经营的道路。

草场的压力

虫草和松茸是马武村农牧民的主要经济来源,除此之外的收入来源还有养牛、养猪、旅游业等。在一般家庭中,畜产品占总收入的 40% 左右,但有的家庭因自产畜产品不能满足家用,还要额外购买,因此,也存在着畜产品的支出。虫草和松茸往年收入较好,一年收入可达 3～4 万元,虽然 2013 年虫草、松茸产量和价格有所下跌,但仍然还是他们的主要收入来源之一。例如,马武村村长的家庭收入处在全村中等水平,家庭年收入为 3～4 万元,其中虫草、松茸收入可达 2～3 万元,是村长家最主要的收入来源。马武村旅游业发展较快,在旅游沿线的牧民比较有优势,农牧民将房子承包出去,收租金,提高了非畜牧业收入在整体收入中的比重。由于近年国家对基础设施建设的大量投入,修路等打工机会较多,也增加该地区农牧民的经济收入。马武村农牧民经济收入的多元化结构,为缓解草场资源利用压力起到了积极作用。

马武村草场资源利用较为规范,管理水平较高,自 1995 年草场承包到户以来,极大地提高了农牧民生产的积极性。如今,大部分草场都已用围栏分开,虽然有些没有围栏,但牧民们都自发确定了界限范围,约定在这一定的范围内放牧不算越界,因此,避免了牧民们在草场资源利用方面的纠纷。2008 年,由于挖虫草,资源抢占纠纷较大,县里专门出了文件,要求牧民交纳 20 元资源补偿费办理采集证,每户划分指定区域,并要求使用特殊工具,由专人带队挖虫草,并对挖虫草的过程进行规范操作,挖完后将草地填平,并抽样检查草地破坏情况;如果没有达到标准,将不准其再挖虫草,希望以此措施降低挖虫草对草场的破坏。无采集证的,则需交 200～250 元罚款,才可进行虫草、松茸的采集。部分罚款资金将用于公共事业(如生活垃圾的处理等)的支出。

养藏香猪是马武村农牧民的主要生产活动之一,以往采用半圈养、半开放的方式,即 4 月份将猪放到草场,9 月份再收回来。这种半野生的状态,会使藏香猪的肉质较好,但这样对草场破坏较大。当村民意识到这点后,积极采取了措施,现在,虽仍然是半圈养方式,但每天都喂好后再放出,当天会收回来,即保护了草场又保证了藏香猪的肉质。对草场资源合理、有效、规范的管理和利用,为该草畜平衡模式的形成奠定了坚实的制度基础。

新模式的建立

马武村的草畜平衡模式大致形成于 1997 年,即全村草场承包到户的两年后,半农半牧区意味着农牧民家庭劳动力要分散化安排生产,农牧民不但从事放牛等畜牧业生产,同时还在不同程度地进行着种植业和养殖业,大部分农牧户形成了以牧为主、以农为辅的经营格局。因此,一些牧户家庭中养牛与劳动力不足的矛盾较为突出,有的甚至养 10~20 头牦牛就已经较为吃力。在这种情况下,一些牧民自发联合起来,形成了一些非正式的经济合作组织,以寄养的形式,收取一定物质形式的租金,解放家庭劳动力,形成一种双赢的局面。同时,农牧民的合作分工促进了草场资源的再分配,形成了适度的规模化养殖,牧业大户也摆脱了围栏的束缚,有条件在更大的区域安排生产,也促进了草场资源的可持续利用,大大减轻了草场的压力。

具体的合作化生产情况起始于一些劳动力不足的农牧民家庭,一般这些家庭只养殖了 10~20 头牦牛,已经没有能力扩大养殖量甚至继续维持现有养殖量。为了减轻劳动负担,或进行其他生产经营活动,他们自发与关系较好的牦牛养殖大户联合,一般 3~5 户为一组,将自己的牦牛寄养到其中一个养殖大户那儿,集中养殖,草场也集中管理利用,并与养殖大户签订协议,协议中规定寄养户奶牛生产的所有幼畜归养殖大户所有,每年养殖大户要向寄养户提供物质形式的租金,协议到期后,养殖大户将草场和寄养户的牦牛如数归还。例如,马武村村长家有 6 口人,但只有女婿、女儿两个可用劳动力,50 多头牛,其中 20 头奶牛用于出租,与养殖大户签订的协议中规定,每年,村长家每年得到 100 斤酥油、一头牛、200 斤奶渣;草场无偿给养殖大户家使用,10 年后,收回草场,养殖大户如数将奶牛还给村长。

对于寄养户来讲,由于放牛至少需要两个劳动力,如果家庭本身拥有的牦牛数量不多,放牛占用了劳动力,则没有多余劳动力从事其他生产经营活动。这种问题在半农半牧区尤为明显,通过将牦牛寄养给养殖大户,家里解放出的劳动力可以从事其他生产活动,实现了劳动力的转移,降低了牧民对草场的依赖性,而且寄养户每年收取的租金,也增加了经济收入,因此,对寄养户来说寄养牦牛会更划算。对于养殖大户来讲,一般情况下,一头牦牛 4~5 年便可出栏,可卖到 3000 多元钱,寄养的形式增加了出栏量,而当地每斤酥油可卖 30~50 元钱,这样一来,除去每年以物质形式付出的租金,还会有部分剩余,因此,也会增加一部分经济收益。通过自发建立的这种非正式经济合作组织,实现了双方或多方经济收入的增加,促进了生产的发展。据了解,全村共有 4000～5000 头牛,有 30％的牧户以这种方式寄养,在一定程度上实现了集中放牧,草场资源也进行了集中管理利用,建立了一套行之有效的草畜平衡运行模式。

很快,这种模式引起了县里的重视,县畜牧局给予政策资金的扶持,鼓励藏香猪、牦牛等的规模化养殖,引导农牧民科学生产,走"公司＋基地＋农户"的发展模式,并通过培育特色产业,增加农牧民收入。在宣传引导的基础上,马武村村民自发成立了 10 余个这样的经济合作组织,促进了合作形式的组织化和规范化,进一步推动了马武村草畜平衡的发展。

新模式的多重效益

在当地政府的推动下,马武村农牧民之间的合作更加紧密,同时也带来了经济、社会和生态的多重效益。

第一,缓解了对草场资源的压力。该草畜平衡模式要求在协议期限内,草场也交给大户管理,这在一定程度上实现了草场集中统一经营、管理和利用,提高了草场资源利用率。养殖大户可以根据实际需要,在更大范围内对草场资源进行规划,统一安排轮牧、休牧,最大限度地给草场以恢复的时间,缓解了草场压力。由于该地区草场生产力低,据了解 60 亩才能养活一头牛,因此,该模式具有非常重要的实际意义。

第二,提高了农牧民的生产积极性。该草畜平衡模式由农牧民群众自发自愿组织形成,充分体现了农牧民群众的生产生活需求,得到了广大农牧民群众的广泛认同,农牧民的生产积极性较高,因此,该草畜平衡模式具有较强的生命力,能够形成畜牧业发展的强大推力。

第三,实现了剩余劳动力的合理流转。通过该草畜平衡模式,可以解放农牧民家中稀缺的劳动力资源,加上该地区是典型的半农半牧区,使解放出的劳动力从事其他生产经营活动成为可能,促进农牧民增收的同时,降低了农牧民对草原的依赖性,为马武村草畜平衡模式的持续发展提供了必要条件。

第四,提高了农牧民的组织化程度。广大农牧民群众是该草畜平衡模式形成的主体,即农牧民参与了该模式形成的整个过程,参与程度较高,通过他们的合作交流,无形中提升了农牧民生产生活的组织化程度,为当地畜牧业发展提供了可靠的组织基础。

第五,实现了畜牧业的适度规模化生产。由于中国草地制度也实行草场承包经营权到户的制度安排,通常的放牧是极度分散的小规模、且在固定小区域放养,不利于草场资源的可持续利用。通过寄养的方式,实现了畜牧业生产资源的合理流转,不但提高了资源的利用效率,更在一定程度上实现畜牧业的规模化生产,从而提高了畜牧业生产效率,为实现当地畜牧业规模效益奠定了坚实的基础。

第六,实现了畜牧业的专业化生产。通过对该模式配套建立规模化养殖小区,并由县政府承担饲养技术培训、防病防疫等公共服务,实现了畜牧业的专业化生产,有利于促进该地区特色畜牧产业发展,提高该地区畜牧产品品质,从而增强市场竞争力,推进该地区畜牧业的发展。

新模式的适用条件

由于马武村草畜平衡模式产生和发展于一定的背景和形式下,需要一定客观条件,为使得该模式具有一定的可复制性,需要对该模式的适用条件进行必要的分析和界定,从而根据适用条件加以推广和改进。

(1) 该模式适用于草畜矛盾不严重的地区

据木拉乡 2007 年统计,全乡共有牦牛 11 700 头,2008 年雪灾,死掉 2000 多头,现在有牦牛 8000 头左右,如果按草场可利用率为 50% 计算,91.2 万亩草场基本可以实现草畜平衡。个别养殖大户虽然存在超载现象,但可通过去其他与其关系好的牧户家的草场放牧予以解决。

(2) 该模式适用于收入渠道多元化的地区

通过调查,我们发现该地区农牧民有多种经济收入来源,其中,传统畜牧业占有不到一半的比例。正是有了其他的增收渠道,农牧民才会有积极性将牦牛寄养给养殖大户,为该模式提供前提条件,从而推动该模式的发展。

(3) 该模式适用于存在家庭劳动力不足情况的地区

由于养牦牛需要劳动力较多,且劳动时间长,在家庭劳动力不足的情况下,牧民才会考虑以寄养牦牛的方式解放家庭劳动力,保障基本经济收入。

新模式的新问题

由于交通、市场条件限制,木拉乡畜牧产品的附加值普遍较低,畜产品一般都是以出售鲜活品的方式送到市场上,这种以只提供原材料为主的经营方式,收益是十分有限的;为追求更多的经济收入,农牧民只能多养牛、养猪,这必然会给有限的草场资源带来压力,从而可能打破现有的草畜平衡模式。因此,只有提高产品附加值。才能在不减少农牧民经济收入的前提下,有效控制牲畜数量,从而巩固该草畜平衡模式的发展。

藏香猪市场垄断性较强,目前,在木拉乡收购藏香猪的企业只有两家,而这两家企业掌握着制定藏香猪收购价格的主动权。据了解,公司从牧民收购的价格是10元/斤,而经过加工出售的价格为大约50元/斤,可见其中的利润空间是非常大的。而牧民在藏香猪市场上没有谈判地位,议价能力较弱,造成了企业的利润率与牧民的收益不成正比,这样一方面会极大地挫伤牧民的积极性,另一方面牧民只能通过养牛来弥补经济收入,使得草场的压力增大,对现有草畜平衡模式产生不利影响。

对草原承载量重视不够。木拉乡的农牧民在决定发展多少头牦牛时,主要考虑的是家庭劳动力限制,及对雪灾发生的顾虑等因素,而不会考虑到草原对牲畜的实际承载能力。即使在目前草畜矛盾不十分突出,如果没有对草原的保护意识和对草场承载能力的有效评估,在家庭劳动力充足的情况下,难免会产生过度放牧而使得现有草畜平衡模式遭受挑战。

案例九　人兽冲突补偿机制探索

新的起点

人兽冲突通常是指由于野生动物肇事而威胁人民群众生命财产安全和造成损失的情况。由于肇事野生动物受到《野生动物保护法》的保护，百姓受到损失却不能捕杀肇事动物，这一矛盾在人兽冲突地区成为十分突出的问题。关于应对人兽冲突一直都是有法律依据的。根据《野生动物保护法》第十四条规定"因保护国家和地方重点保护野生动物，造成农作物或者其他损失的，由当地政府给予补偿。补偿办法由省、自治区、直辖市政府制定。"根据法律规定，地方财政需要负担对百姓损失的补偿，尤其在自然保护区范围内，人兽冲突的情况更加普遍，也更加严重。地方政府如果提供补偿，一方面可以在一定程度上弥补社区百姓的生命财产损失；另一方面可缓解社区的情绪，避免因人兽冲突而使野生动物遭受社区报复，从而达到保护野生动物的目的。

四川省雅江县不仅是世界上生物多样性最为丰富的温带森林地区之一，而且藏族传统文化底蕴深厚，广为信仰的藏传佛教的教义提倡尊重自然和生命，使得当地百姓有一定保护野生动物的传统。2008年，在山水自然保护中心提供资金及技术支持下，协议保护项目由雅江格西沟自然保护区负责，在其周边社区实施。格西沟自然保护区作为协议甲方对社区提出生态保护的要求，与乙方社区签订保护协议，支持社区开展巡山监测等保护行动；同时，在社区开展文化宣传活动，并针对社区存在问题尝试建立了人兽冲突补偿基金。

在协议保护的项目框架下，通过识别社区保护存在的问题，制订相应对策开展项目活动。协议保护项目最初选定唐乔村和下渡村作为项目点，经过项目可行性研究和本底调查,确认这两个村的主要威胁问题是盗猎盗伐、薪柴消耗和人兽冲突。问题得到识别,但这些问题的解决显然不是简单通过一两个项目就能实现的,因为当地社区传统生产生活习惯,以及野生动物肇事的客观因素始终存在。

由于资金周期的限制,协议保护项目在 2010 年结束。就项目而言,协议保护的工作已经完成并达到了预期目标,社区保护也可能因为项目结束而中断。然而在协议保护项目期间发现的社区保护问题并没有得到实质性的解决,仅仅在有限的时间和资金条件下,提出了可能的发展方向,而这一方向中,就有生态保护圈内最为关注的人兽冲突问题。

随着生态环境变得越来越好,野生动物肇事问题也越来越突出和严重。特别是以白马鸡、猪獾、野猪、豪猪为主的野生动物,开始频繁破坏当地村民的庄稼,使村民的收成每况愈下,有些农户甚至是颗粒无收。协议保护项目积累的良好合作伙伴雅江林业局也十分期望再次与山水自然保护中心合作,将当地的社区保护项目向前推进。近几年格西沟自然保护区周边村子还相继出现过野生动物伤人事件,尽管村民报了案,乡政府和林业局也都因为没有具体解决方式和赔偿方式而作罢。在格西沟保护区和林业局的支持下,山水自然保护中心在保护区周边的唐足村和热日村开展了第一期人兽冲突试点项目,协议保护项目积累的经验很快有机会得到了应用。

多方合作组建队伍

协议保护项目结束的同年,在山水自然保护中心支持下,由林业局、寺院和周边两个社区共同出资建立"人兽冲突补偿基金",选取来自林业局、寺院和两个村的4 个人组成人兽冲突补偿基金专员小组,对基金进行日常管理,时任山水自然保护中心志愿者的荣燕,负责 2010—2011 年雅江人兽冲突项目的实施。在试点的过程中,他们探索出一套适于当地情况的人兽冲突补偿方式和管理办法,最终在国家、社会和社区自身力量的共同努力下人兽冲突补偿基金得到壮大,补偿范围扩展到保护区周边更多的社区。

在人员组成上,所有项目专员由寺庙指定。寺庙配有 1 名专员,分别对接唐足和热日两个村的专员。由于语言问题,项目人员与专员的沟通较少,主要由林业局专人进行沟通。

在资金组成上,在项目的第一年,社区按 2 元/人出资,共筹集 514 元,寺庙出资 2000 元,山水自然保护中心出资 40 000 元。第一期人兽冲突补偿基金共计

42 514元,仅用于社区补偿和专员工资开支,其余费用,如差旅费、宣传资料费等由项目配套费用支出。

制定补偿标准

项目开始的第一年,补偿标准十分难确定,因为手上没有现成的数据。荣燕和大家商量,根据基金总量控制补偿金额的上限和下限,规定每户最高补偿额不超过500元,损失超过500元的,村民负责承担。由于是项目开始的第一年,为了调动参与者的积极性,也是对前些年百姓遭受的损失的弥补,项目确定无论有没有损失或者损失小于100元的,都按照100元的补偿金额来核算。另外,不断调整玉米和土豆的产量和价格,不断地尝试不同的赔付比例,最后以热日村补偿2840元、唐足村补偿6160元的折中补偿额迎接两天后的人兽冲突补偿大会,虽然其中有很多瑕疵,但项目专员已经尽了最大的努力。

由于两个村的专员在年龄、威信上存在差异,因此,在确定补偿标准时,两人所起的作用也不同。热日村专员,普措登卓,40岁左右,在村里比较有威信,所有事关人兽冲突项目的事情都可以通过打电话安排下来。普措登卓还比较有主动性,在一次赔偿过程中,由于麦子已经收割,无法分辨出来哪块地的庄稼是被野生动物吃掉的,他就主动提出这种不能计算的情况就不赔偿了,虽然有一户在抱怨,但最终还是接受了村专员的意见,这体现了专员所具有的威信和一定的领导能力。在处理人兽冲突问题时,普措登卓非常有想法,他首先提出来没有遭受损失的农户不补偿,并先后动员10户集中买了栅栏,主动防范野生动物肇事。唐足村专员,思朗次仁,20多岁,在村上威信不像普措登卓那么高,即使发现案件,也不敢直接说,只是为林业局的相关人员查看牧场时带路,害怕得罪人,只能起到联络人的作用。

丈量土地

在社区受到人兽冲突损害,需要得到补偿的时候下,第一个问题浮出水面,如何确定补偿标准。补偿经费平分不能保障"谁受损,谁得补偿",若由农户自己上报损失,在没有第三者监督的情况下,数据又缺乏可信度。面对社区提出的补偿公平性问题,荣燕与当地保护区管理人员江卫商量,决定为每户村民丈量土地,并记录下来作为本底,百姓上报的损失以这个本底作为依据,争取做到相对准确地核定损失定量。2011年3月,荣燕会同格西沟保护区工作人员和人兽冲突3名专员开始着手丈量所有 49 户农户的土地,走乡串户,带着各家村民到自己的土地上,用皮尺认真测量了边界,不规则的地块就用各种几何公式计算。最终,在大家的见证下,记录下了每一户的土地面积。整个丈量过程让荣燕走遍了村上的所有土地,最终记录在册的土地地块共 243 块,面积 228 亩,本底数据自此总算得到明确。

荣燕为社区建立了人兽冲突案件记录档案表,详细记录了每户村民的家庭基本情况、联系方式、受损位置、面积、农作物数量、肇事动物等关键信息,并规定受损登记表格必须由林业局专员、寺庙专员、村专员三方签字认可方能生效。第二年开始土地丈量后,再根据专员们提出的建议,在第一年测算农作物产量的基础上开始重新制定补偿标准。最终根据实际测量的损失确定补偿金额。

继荣燕之后,山水自然保护中心志愿者李梦姣,接力负责了 2011—2012 年雅江人兽冲突项目。由于丈量土地的需要,项目人员充分发动村民,使大家都参与进来。对于雅江人兽冲突,土地的丈量是有意义的,李梦姣说:"土地丈量的资料是个数据库。在判断地块上是否出现野生动物肇事、肇事面积是多少以及事后补偿出现纠纷时都能查到地块大小的数据。"

补偿和总结大会

人兽冲突项目的关键点是一年一度的人兽冲突补偿和总结大会。在大会上,在所有人的见证下,基金会向有损失农户发放补偿金,并总结过去的工作经验。2012年,李梦姣组织了最后一次总结大会,会上大家讨论十分热烈。虽然没有后续资金支持,但是,两个村的 30 余户村民席地而坐,就过去的问题进一步讨论,最终制定了更为细化的补偿制度。比如,鉴于基金总量不多,村里种地不多或者打算放弃种地的村民不再参与到补偿基金中;确定补偿的范围为成熟的农作物,下种时候种子的损失由于不好鉴定不做赔偿;2013 年村民愿意自己主导基金的运作,包括案件的受理以及最后补偿方案的制订;村民一致同意之后的受损案件主要由村专员受理,林业局在受损季节 7—9 月期间一两个月来收集一次数据并进行抽查(村专员提出,如果对数据的真实性有疑虑,是否能够提供相机记录来作为证据);补偿方案由村里内部商量,共同认定一亩地具体补偿费用,不再像之前林业局通过调查亩产、市场价格等来计算补偿价,当然也要在林业局的配合下确保补偿金的合理安排①。

如果简单地从数字来看,雅江人兽冲突项目历时三年,总共投入三期项目。组织

---

① 引用李梦姣人兽冲突补偿和总结大会的总结报告。

各方集资,其中,村民集资三次、寺庙出资一次、山水自然保护中心出资两次。通过补偿大会进行了三次补偿。

然而从可持续的角度来看,社区和寺庙对人兽冲突基金并没有太多资金投入,而山水自然保护中心作为公益组织也不能长期投入。就现有的补偿标准来看,最终能补偿到社区百姓手里的钱比较少,大家都是看在这是一个好项目才积极参加的。相对于补偿费用,项目运营经费相当高,而且操作层面上要求项目专员每次跑点,这更需要足够长期的资金维持。如果就项目期间算总账,基金是处于亏损状态的,需要不断"输血"才能维持下去,这个项目应如何维持是值得思考的。

评论

荣燕(资深志愿者)

当时决定丈量土地的初衷是,丈量后便于专员们的工作和管理,使得在定损过程中有据可依,可以根据丈量数据进行核实。丈量数据得到大家公认后,百姓就不能谎报数据了。受损土地种植的作物不同,价格不同,都需要进行土地丈量后才能有据可查。在土地丈量过程中,由于百姓充分地参与认可,避免了日后定损和确定补偿时的争议。

李梦姣(山水自然保护中心项目协调员)

人兽冲突项目充分调动了林业局、寺庙的积极性,缓和了林业局和寺庙的关系,从理念不一样(甚至打官司)到合作,并最终做出一些成绩。参与人兽冲突项目的人员也发生转变,例如,专员协调能力得到提高,并且参与的主动性更强,非常愿意张罗一些事情,而在以前他们通常觉得保护工作是林业局的事情,与自己没有关系。这些专员现在觉得项目是自己村的,比如,项目结束后,人兽冲突基金仅剩余2万元,他们便主动提出来搬出去的人不用补偿,要求其他三个村补缴以前的集资款。最终另外三个村补交了前2年的集资款。保护区工作人员江卫也有了变化,过去工作是为了生存,到现在想把工作做好,开始主动检查、制止一些破坏行动,并且从人兽冲突项目中找到了自豪感。

项目得以持续,归功于寺庙、村民以及林业局三方明晰的责权利:首先,寺庙作为社区的公共中心,它有为社区百姓提供公共职能的责任;同时,作为另外两方都信任的中间方,它拥有监督双方的权力,搞好并且因为提供这样的服务功能,最终获得了维持自身在信众中的影响以及与政府的关系的利益。而社区百姓对于自己的土地有管理的责任,在做好防范措施依然受到损失后,根据法律规定他们有获得补偿的权力,并且通过维持好基金的运作,百姓最终获得受损的补偿。也许从目前看来,赔偿金额不足以完全填补他们的损失,但至少让他们感受到自己的诉求得到了应答。作为林业局,首先对于村民的损失有补偿的义务和责任,同时林业局保护区具有全权管理补偿基金的权力,而作为回报,林业局可以提出更多的保护要求,并得到村民持续保护行动的保证。

何兵(山水自然保护中心项目协调员)

人兽冲突是全球性难题,不仅难在事件本身难以取得人与野生动物的平衡,还难在尝试解决该问题所必然带来的管理上的困境。雅江案例则在这两方面进行了创新。其一,由于笃信佛教,众生平等的理念深入人心,因此,百姓对野生动物造成的损失和危害有着天然的忍受力,但这种忍受力会随着冲突的加剧而逐渐崩溃。即使内心矛盾,但猎杀行为在许多地方都开始日益普遍。项目有效地运用了文化的影响力,同时提供相对于损失而言较少的补偿,不仅很好地平衡和缓解了冲突,更重要的意义在于,使这个在传统上人与自然就十分和谐的藏族社区得以在当今社会继续维持这种难得的和谐。其二,人兽冲突通常发生在偏远地区,在管理上的一大问题是不能及时定损以及存在高昂的人员和交通成本。事实上,在该试点项目初期,其管理成本达到了50%,与中国其他地区的试点项目比例接近,这不仅极大增加了管理部门的工作量,还使补偿的有效性大打折扣,更可能催生夸大和谎报损失的情况,这是目前最让管理部门头疼的问题。

雅江项目意识到这一问题,并创造性地提出了"专员体系"。经过项目各方共同选举产生并接受培训的"专员",其职责是在冲突事件发生的第一时间到达现场核定损失并及时记录和上报。由于专员来自当地社区,反应迅速,且受不同社区成员和寺院的共同监督,核定损失的公平性有保障,并且大大降低了操作成本,实现对管理成本的有效控制。这两点创新,为政府制定政策解决人兽冲突问题提供了行之有效的方案。

李晟之(四川省社会科学院副研究员)

在雅江人兽冲突的案例中,土地丈量的过程很重要。因为这样做给了每家每户参与的机会;同时也充分尊重了社区的知情权,在社区的广泛参与中也利于对他们进行人兽冲突和生态保护知识的宣传发动。利于掌握基本信息,使公益组织更好地了解社区,能够与社区站在同一层面上开展讨论。

很多外来干预性项目实施时,我们都必须通过类似林业局的基层政府单位向下开展,如何找到诸如雅江林业局这样好的合作伙伴不容易,如何维持他们长期对于项目的热情和支持更不容易。其实雅江从2004年开始就与我们保持合作,能够把缘分坚持到现在是很不易的,双方都有诚心和努力。

但是,从推动社区项目而言,最关键的是两条:一条是基于社区自己感受得到的问题,另一条是耐心和长期陪伴社区。从这两点看,基层政府单位都不会真正长期有热情的,总是有这样或者那样的"偶然"原因导致项目终止。

因此一个真正深度的项目通常有 2～3 年的"与社区共识建立期",在这段时间应该让社区从他们所经历的太多的政府和民间组织的短期项目中认识到这个项目是真正关心他们自己的问题的,是真正鼓励他们的参与性的。也许基层政府单位的作用是帮助我们找到合适的社区,以及帮助我们进行最开始的一段启动工作。完成这段时间工作后,可能我们的基层政府合作伙伴就不愿意也无力再作为主导的实施单位了。当然,项目仍然需要他们作为配合和支持的伙伴,非常需要他们的长期支持,至少是不反对。雅江人兽冲突确实已经真正度过了"与社区共识建立期",这是很不容易的,我们山水自然保护中心以及其他的很多组织的项目,都没有能够渡过这个时期就终结了。其实长期的陪伴与支持是不太花费资金,但却有着把 80℃的开水烧到 100℃的奇妙变化。

冯杰(山水自然保护中心西南山地社区保护项目主任)

人与野生动物冲突是一个世界性的问题,只是因地域的不同而各有差异。目前各地解决这一问题的方法也是各有千秋,有的防御,有的干扰吓唬,有的猎杀,有的迁移,有的找政府补偿,有的逆来顺受当是献爱心……任何一种方法的成功与否取决于野生动物生态和行为因素、人类社会政治以及经济环境等因素。雅江人兽冲突补偿基金以林业基层政府、社区寺院、社区村民三方共同出资,并积极引入社会力量的进入,发挥参与者各自的优势,有钱的出钱,有威望的来监督,有知识的出点子,有兴趣的做志愿者等等。在目前四川还没有一套完整的解决方案时,尽可能团结身边的力量,多宣传和倡导,积极引入社会力量的参与,合作共管,共同解决类似雅江地区的人兽冲突问题。

目前雅江人兽冲突补偿基金的管理成本还是比较高的,应在第一年的基础上使管理进一步社区化、使案件受理程序简单化,根据受损情况进行分类处理,降低管理成本。例如,3 分土地以下受损就近处理,3 分以上多方鉴定处理。另外,补偿比例还需要进一步科学化,不能再出现补偿金额高于其损失金额的现象,应逐步降低基金的补偿比例,提高社区和寺庙资金的投入比例,多渠道吸纳政府和社会资金,正所谓开源节流,才能使基金细水长流,青春永驻。

附：雅江社区保护项目大事记

从协议保护到最终沉淀下来的人兽冲突项目,基于社区需要开展诸多的工作,才能最终推动人兽冲突的进展。2008年开始项目主要活动如下:

(1) 协议保护(监测巡护及培训、文化活动、成立人兽冲突基金、保护宣传)

2008年11月15日—2010年2月14日 下渡村协议保护项目一期

2008年12月10日 下渡村协议保护项目启动、培训会,保护区、社区、寺庙共计280人参加了该村民大会。

2009年3月11日 扎嘎寺协议保护启动大会

2009年4月4—10日 下渡村生物多样性本底调查

2009年7月26日—8月1日 下渡村考察

2009年8月 下渡村社区社会经济本底调查

2010年4月1日—2011年1月1日 下渡村协议保护项目二期

(2) 人兽冲突(2010—2011年)

2010年1—4月 4次本底调查选点,确定热日和唐乔村,讨论制订实施方案,制订基金管理办法。

2010年6月 人兽冲突补偿基金试点村民大会、集资、宣传项目实施方案。

2010年6月25—28日 下渡村社区培训。

2010年7月 开始受理案件,7月13日,第一起案件发生。

2010年11月13日 在扎嘎寺召开补偿大会,总结2010年工作,发放补偿款。

2011年1月 社区回访。

2011年3月 土地丈量。

2011年3—5月 建立档案,记录家庭户数、地块数、边界等。

2011年3月 下种、出苗检查。召开专员会议、培训定责,签订责任书。

2011年3—4月 组织搭建栅栏,检查。

2011年7月 肇事动物监测。

2011年9月 肇事动物食物样方调查。

2011年11月 专员会议确定补偿标准。

2011年12月 人兽冲突补偿和总结大会。

2010—2012 年人兽冲突项目补偿统计表

年份	村数	集资额/元 （山水*/村民/寺庙）	基金总额 /元	专员每年 费用/元	补偿金额 /元	案件数	涉及 户数	补偿面积 /亩
2010	3	4万/514/2000	42514	1500	9100	92	30	未测量
2011	3	2万/1718/0	53632	1500	10940	53	27	不准确
2012	5	0/1506/0	42698	3000	14530	34	20	10.415

* 山水自然保护中心

案例十　村民议事促进基层组织制度建设[①]

缘起

2009年国务院正式批复《成都市统筹城乡综合配套改革试验总体方案》，允许成都在九大方面先试先行。这九大方面分别是：建立三次产业互动的发展机制；构建新型城乡形态；创新统筹城乡的管理体制；探索耕地保护和土地节约集约利用的新机制；探索农民向城镇转移的办法和途径；健全城乡金融服务体系；健全城乡一体化的就业和社会保障体系；实现城乡基本公共服务均等化；建立促进城乡生态文明建设的体制机制等。每一个方面都需要做出政策创新和大胆尝试。

十八届三中全会公报指出，城乡二元结构是制约城乡发展一体化的主要障碍，要赋予农民更多的财产权利。而中国农村财产权利界定模糊，农民不能够像城市居民一样享受更好的公共服务，导致城乡发展不均等。农民虽然拥有土地使用权，但对于耕地、宅基地等资产由于政策限制，无法资本化，仅能获得有限的收入。而且由于没有收益机会，土地边界、面积范围等也比较模糊，农民被永久的模糊产权固定在农村，限制了城镇化的前进步伐，客观上固化了城乡二元经济结构。统筹城乡最重要的是城乡要素的自由流动，包括劳动力、土地、金融等各个方面，而实现土地要素的自由流动是首要的问题。长期以来，农民，尤其是成都市周边城乡结合部的农民对于土地的依赖程度在逐渐降低，区位优势使得这些农民进城务工获得了

① 本案例虽然与社区保护没有直接关系，但成都市村民议事会是中国基层民主制度的重要创新，在统筹城乡综合配套改革试验过程中发挥了重要作用。这一步迈出了解决农村公共事务管理"空心化"的第一步，如果案例七中云塔社区是"自下而上"的公共事务管理模式，那么本篇案例则是成都市委市政府对于农村基层管理进行顶层制度设计的"自上而下"的探索。

更多的工作机会和远比种地更高的收入,似乎承包地已成为农民的束缚。而同时,土地作为农民的"最后一道保障"在城乡统筹的社会保障体系没有完全建立起来时,发挥着不可替代的作用,对于维持农民基本生活,社会稳定有着重大意义。所以,虽然一家一户的土地使用效率在降低,但也不能轻易地"一刀切",强行让农民退出土地进城。

自 2008 年起至今,成都市尝试过多种方法,试图让有条件的农民在土地和进城当市民二者做出选择,推进城市化进程,积累经验的同时也总结了教训。这新一轮农村产权制度改革使得成都农民最终能够带着土地的权利进城,这将真正预示着,农民正在从一种身份转变为一种职业,与城市的职业本质上没有区别,其意义的重大自不必说。正是基于成都市统筹城乡的试点,新一轮的以耕地、林地、宅基地勘界、确权、颁证的工作激发了成都市农村基层公共事务治理机制的大变革。一场围绕农村土地产权制度改革的工作从试点到推广,促进了现代农村产权制度体系的形成与完善。

成都市农村在产权制度改革中为农民颁发了农村土地承包经营权证、林权证、集体土地使用证、房屋所有权证,确权颁证共涉及 19 个区(市)县和高新区、257 个乡镇(含涉农街办)、2745 个村(含涉农社区)、35 857 个村民小组的 212 余万农户。产权界定清晰合理,进一步放活了农村土地使用权,将土地转变为资本,获得了更多、更稳定、更合理的财产性预期收益,农民可以保留土地的收益权利,进一步在城市中就业、谋生,在促进劳动力、土地财产等要素自由流动的同时,达到缩小城乡差距的目的。

农村产权制度改革的契机

成都市统筹城乡综合配套改革实施了农村"四大基础工程",力图为农业农村发展夯实基础:一是全面开展农村产权制度改革,激发农村发展活力;二是积极推进农村新型治理机制建设,构建充满活力的农村基层民主政治;三是扎实推进村级公共服务和社会管理改革,努力实现城乡基本公共服务均等化;四是大力开展农村土地综合政治,加快社会主义新农村建设。

农村土地产权改革首先要确定农民的财产权利,即使在家庭承包经营 30 多年后的今天,仍然面临很多现实问题。成都市土地产权制度改革历经勘界确权、重新丈量、登记颁证等一系列过程,由于成都市周边农村区域人口流动程度较大,存在着大量非正式流转和习惯权属的情况,这些均未进行正式的登记备案,土地经营权归属纠纷不断,难以调解。例如,张家外出打工十多年,土地早已撂荒,李家就把这块土地利用起来,交上农业税,由于习惯权属导致产权模糊,如今说起土地归谁都有理由,由此发起争执不在少数,十分难以调解。甚至土地边界上栽树的归属也要耗费很大精力去明确。若由村干部进行调解,结果始终难以让两方都满意和信服,协调难以进行。加之,以前使用的"习惯亩"计算土地面积并不准确,在进行改革时,所有土地面积需要重新丈量。而这些又是土地产权改革不得不做的第一步,因此,都市农村土地产权改革工作的难度就可想而知了。

2008 年初,在农村产权制度改革试点过程中,成都市委组织部提出"村两委 + 议事会 + 监事会"的创新构想,这在全国是一个新型农村基层治理的制度安排。该制度最为核心的思想,是在村级成立议事会,通过村民选举产生议事会成员,土地纠纷交由议事会审议决定,村两委则作为该决定的执行机构,并设置监事会负责执行的监督工作,有效地避免了土地纠纷调解过程中的个人因素影响。所有土地纠纷放在议事会上公开讨论、民主协商、投票表决。这样,决策权、执行权、监督权三权既分离又相互制衡,形成了独特的基层治理机制。

直到 2010 年,成都市范围内农村土地确权颁证工作基本完成,并在成都市 1943 个建制村、825 个涉农社区、26407 个村民小组全面建立了村民议事会和村民小组议事会。以农村产权改革为契机,村民议事会完善了农村基层治理机制,由于形成了公共事务讨论决策的有效渠道,村民议事、参与公共事务管理的积极性大大提高。据统计,2009—2010 年,成都市各村(社区)共召开议事会 28 000 余次,议决议题 34 000 多个,议题最主要的是土地确权颁证,同时也延伸到公共服务和社会管理项目等农村公共领域的工作。

议事会制度化

成都市从 2008 年开始试行村民议事会制度的目的有两个:一是化解农村土地确权过程中的问题和矛盾,二是有助于推动基层民主自治的工作。要实现这两个目的都需要推动社区参与。由于农村产权制度改革中涉及土地的确权、颁证等问题,很多社区矛盾、干群矛盾浮现出来,这些矛盾的产生有其地域性和历史性原因,本身在社区内部可以形成有效化解机制,而外部或由村干部主导却很难圆满解决。

成都市通过村民议事会的建立增强了社区自主和自治能力。土地产权是农村的根本,产权改革关系到农民百姓的切身利益,由于成都议事会抓住了这一有利时机,恰逢其时地建立并有效地处理了农村产权制度改革中村内的各种问题,从而最终作为一种制度固定下来。如何将其固定下来并长期地实施下去成为接下来进一步改革的重点。这涉及成都市农村"四大基础工程"中的第二个重点——建立充满活力的农村基层民主政治。成都市为此制定了一整套政策和措施,大力推进村民议事会制度。

(1)组建议事会

在土地确权问题得到解决后,似乎需要讨论的问题并没有那么紧迫,其原因主要是中国农村普遍存在的问题,即前文提到的农村社会结构松散导致公共事务的缺失,而成立议事会的前提是"有事可议",村民议事会的持续性面临挑战。成都市对此为村民议事会建立专项资金,确保每年为每个村配备20万～30万的经费,形成长期的支持,单这笔费用成都市政府每年就需要4亿～6亿资金的支持。专项资金的用途被划分为农村公共服务和公共设施、文化建设等领域。这部分专项资金的使用必须经由村民议事会讨论决定。每年,村民可向议事会提出议题以审议资金的用途,这就相当于赋予村民议事会决策权。

然而,村民议事会制度毕竟是一项顶层设计,"自上而下"地贯彻。在短期内,村民会将其看作与其他扶持农村的资金一样的项目行为,对资金并没有拥有感,甚至是在完成任务式地"议事"。农村社区长期以来已经习惯了上级安排,对于突如其来的资源和权利,很多地方的村民不知所措。成都市为此做了充分的心理准备,毕竟"还权"不是一朝一夕能够实现的,必须计划长期投入,使社区拥有长期稳定的心理预期,慢慢改变以前的"惯性",形成"新惯性",当村民对每年的村公资金有拥有感的时候,村民参与村公事务的惯性也就养成了。

(2)建立议事规则

在了解民意的基础上,在全村范围内收集议题。议题需经过"动议"和"附议"阶段才能正式在议事会上讨论。动议的议题要求具体明确,避免空洞、务虚。附议即有人对动议的议题关注、讨论,如果没有人附议,则说明动议没有讨论价值,不需要在议事会上讨论。通过这两个阶段确保议题是事关村上公共事务的,并且是有讨论价值的。农村社区开会往往会遇到发言"跑题"、"一言堂"、"争论不休"等问题,开完会也没有讨论出结果。为此,统筹委借鉴"罗伯特议事规则",专门制定了议事规则,该规则首先要求议事会成员形成圆桌会议形式,改变以前开会的干部上座、群众下座的等级座次,使参与者更能够以平等的身份进行讨论,激发和表达各自的想法。同时,会议规则要求每个人都有机会表达自己的看法,避免整个会议都是一部分人在说,而另一部分人只能听,没有机会深度参与到会议讨论中的局面。

会议设置主持人,对于说话跑题、一言堂和争论问题进行及时协调,把控会议进程。议事规则确保议事会能够有序、有效率地召开。议事规则的建立也是一个长期的过程。而会议主持人是贯彻议事规则的灵魂人物,因此,对其能力要求比较高。

彭州市桂花镇红石桥村议事规则顺口溜①

入户问卷,梳理归纳;主持定位,裁判角色;举手发言,一事一议;
限时限次,公平合理;面向主持,免得生气;无关话题,立马打断;
主持叫停,得要服气;正反轮流,皆大欢喜;首先表态,再说道理;
以事论事,不许攻击;先正后反,弃权没戏;发言结束,现场表决;
动议动议,行动的建议!

(3) 组织议事制度培训

为了促进村与政府人员的沟通,成都市与相关机构合作,为政府各级工作人员进行培训。掌握议事会的目标、宗旨及制度落实的方法。除了"还权",还需"赋能",有了资源和权力,还需要有配套的能力相对应,以确保能够充分发挥好资源和权力的作用。为此,成都市专门组织了两个"村民议事会宣讲队",分别到各区市县社区进行宣传、培训,印制文件、说明材料、连环画等并分发给各村村民。

最后是培育自我服务群体。议事会制度的良好运行能够促进社区公共事业建设的繁荣发展,从而进一步巩固基层治理机制。议事会制度建立后,在广大农村社区可望培育专业技术协会、有共同兴趣的村民组成的社团组织、民间团体等自我服务群体,并通过群体的自我组织、自我服务来满足日益增长的公共事务管理的内在需求。政府和社会力量对这类自我服务群体将提供外部政策、资金支持,助其发展壮大。从更深层次来讲,这些根据需求、兴趣等组成的自我服务的群体可以形成村里不同利益群体代表。在这些不同的利益群体组成的社团或组织中,民意得到不断凝聚和深化,并通过利益群体代表得到表达。培育自我服务群体是村级公共事务治理水平达到更高阶段的表现形式。社区能够通过参与不同群体得到需求的满足,同时自身对于村公共事务想法也能够利用这样的渠道得到很好的表达。

(4) 创造条件、建立议事制度

创造条件是指,现在的政府的各个部门都有其资金的使用模式、方法和要求,

---

① 资料来源:杨强,彭州市桂花镇红石桥村党支部书记,发言稿:《村级公共服务和社会管理议事规则在农村落地》。

议事制度的前提是有事可议,在其他部门资金不适用的情况下,只能配套专项资金来解决,一个村每年多出 20 万～30 万元的集体资金弥补了村公事务空心化的局面,使得村民议事成为可能。增量资金带来增量的要求,无论对村民还是对各职能部门都是十分合理的,议事制度凭借这一专项资金进入成都农村。

(5) 增量民主,突破利益格局

为什么要单独拿出 20 万～30 万元以专项资金的方式支持一个村,与各职能部门保持独立? 这个问题发人深省。由于各部门均有自身的专项资金,也有预算计划,成都市在推行议事会制度这一创新性改革的同时,面临打破各部门利益格局的难题。增量资金的方法是一个可行的途径,条块分割的职能部门需要对自身的项目负责,只有当议事会制度下的资金使用方式和项目管理方式被证明是更有效时,才能够制造突破利益格局的突破口,最终形成真正的资金、项目合力为农村服务。因此,议事会制度的持续性是确保突破职能部门之间利益格局的关键。

村务管理的新气象

杜柏洪是彭州市小鱼洞镇中坝村一位普通村民。由于 2008 年地震后议事会成立,村公事务逐渐恢复,杜柏洪经常到村委办公室值班,有很多机会旁听议事会。他对议事会处理村事务的办法十分满意,因为,很多项目的讨论和实施变得越来越透明,他对项目入村的细节了解得更加透彻,村财务也公开、合理。而在议事会成立前,百姓对村上的项目总是持怀疑态度,以为是少数人为了个人利益而实施项目。

议事会成立前后,村公事务管理的变化是最大的。令他感触最深的就是修路项目,2011 年修一社(第一村民小组)的道路这个项目,就是由议事会来讨论并最终决定的。

杜柏洪回忆起当时的情况。那时,村里资金有限,一社和六社都要修路,先修哪条成为一个难题。在以往这样的分歧可能会产生难以化解的矛盾,自从有了议事会之后,问题的处理发生很大的改变。在议事会的讨论中,各社的成员都发表自己的看法,通过大家对一社和六社的情况比较,大家发现一社农家乐已经有了一定的规模,经济效益比较明显,如果发展得好,对其他社就有带动作用;而六社户数少,修路的经济效益没有一社好。通过大家的讨论,尽管仍然有坚持先修六社道路的意见,但最终,大部分成员投票赞同用现有的资金先修一社道路,同时积极为六社道路争取资金,整个讨论过程中陈述的理由也让人信服,因此,议事会决议的结果很快得到大家的支持。

议事会决议修建一社道路后,虽然决议结果会在全村公示,各议事会成员在村上还是逢人便会说起议事会决议情况,29个社员代表保证了宣传的力度和广度,由于杜柏洪对议事会的事情十分清楚,因此他主动承担起了宣传的任务。通过宣传,村民都清楚了村里有这么一个项目,而且项目是通过民主评议的办法确定的,因此,大家少了一层疑虑,多了一些支持,自然对一社道路都关心起来了。

经过公开招投标,议事会最终确定了一家价格合理的公司承包一社道路项目。在项目开始实施后,工程的质量监督就成了重点,若是以往,有些村民可能都还不清楚项目是做什么的,自然谈不上监督,而议事会不但对决议进行宣传和公示,还对项目实施的具体要求设定了标准并一一公示出来,例如,与承包公司明确一社道路的长度、宽度、厚度、水泥标号等具体指标和要求。杜柏洪是一名技术工,他对修路的技术指标十分清楚,因而还起到主导的作用,他带上几位村民一起履行监督员的职责。据他回忆,当时规定道路的厚度要在18厘米才符合要求,当他们巡视工地时,发现架好在路边的木板只有16厘米厚,他认为,"这样修下来肯定不达标(水泥使用量不够)",于是,他立即向承包公司提出意见,要求其重新搭木板。由于发现及时,保证了工程的质量,避免了再返工。后来,在议事会和村民的监督下,承包公司换上了18厘米厚的木板,再也不敢偷工减料了。此外,在修路的过程中,杜柏洪还经常去查看工人们用的水泥标号等是否符合要求,一旦发现问题,就会立刻告知承包公司和议事会,及时解决问题。

很快,在村民们齐心协力地监督下,一社的道路竣工了。接下来是工程验收环节,议事会组织人员去现场验收,验收通过后才付清承包公司的账款,验收结果及财务明细也都在全村公示出来,接受大家监督。

除了修路项目,杜柏洪还旁听过议事会讨论低保人选、社区清洁员人选等议题。这些议题都是通过民主投票或举手表决的方式确定解决方案的,从决议的公示、项目实施到财务的公开,议事会处理得都很公道、合理。作为村民,他也对议事会和村公事务感到放心。

任重道远的村民议事会

为了评估村民议事会制度推进的成效,成都市统筹城乡工作委员会专门邀请第三方评估机构对议事会的实施情况进行专业评估。虽然在议事会制度推行过程中,有不少村较好地把握了议事会的基本精神并付诸实践,取得了好的效果,不少村干部也从中体会到议事会带来的益处，直言如释重负，解决了很多"单靠村干部摆不平的问题"。从总体而言，虽有喜人的变化，但也面临不少挑战。成都市村民议事会制度目前在全市各建制村村民中的知晓度高，但参与度还不够，各方的领导力还需进一步提高。大部分群众对每年 20～30 万元的村级公共资金的使用和认识，仅有初步印象，还没有真正建立拥有感。

究其原因，如前文所言，作为"自上而下"的制度设计，村民议事会制度的推广不仅需要巨大的资金成本，更需要长期的时间成本，因为涉及村民意识和行为习惯的改变。此外，仍然有三个较客观原因：第一，自成都市建立统筹城乡综合改革试验区以来，成都市各职能部门对农村公共服务加大了投入力度，弥补了很大空缺，短期内成都农村迫切的公共投入需求并不多，造成很多地方村民参与意愿本身不够强烈。第二，四川是农民工大省，由于外出打工人数众多造成成都农村人为的"空心化"、"老龄化"，在很多农村由老人小孩组成的议事会议事能力不足，参与率、参与程度较低。第三，缺乏制度设计，议事会成员产生的过程存在缺陷，议事会成员需要花很大精力了解村民意愿，还没有完全起到代表村民利益的作用，村民与选举产生的议事会成员还没有产生意愿强烈的委托关系。因此，村民议事会从制度设计上很好地解决了村公事务管理空缺和效率问题，但广大农村在由传统村两委处理村公事务到议事会制度的转变需要长期的投入和时间的积累，任重而道远。

评论

刘礼（成都市统筹城乡工作委员会社会处处长）[1]

基层民主制度是中国特色社会主义民主制度的基本制度之一，成都在统筹城乡改革发展进程中探索建立了村（居）民议事会，并形成了一套村（社区）党组织领导下，以村（居）民（代表）会议或议事会作为决策机构，村（居）委会执行，监委会监督，其他经济社会组织广泛参与的新型基层治理机制。通过基层治理机制创新，真正落实基层民主制度，其核心在于，如何落实决策主体的问题、如何制衡和约束权力、如何更好地监督，以防患于未然。

成都有的村人口达到 8000 人，如果仅仅靠村支书和村主任等"两委班子"的几个人来决定村里的事项，不可能让所有人都满意。而议事会模式则是由村民自己选出来的人来代表村民的利益，同时，也促进了村两委的和谐工作，转变他们的领导方式。

---

① 孙晓青. 成都启示录：土地流转与公共服务. 小康, 2011, 12: 70—73.

何欣(山水自然保护中心项目主任)

培养群众组织,使得民意的表达增强,这样的需求使得议事会成为必然选择。政府的职责是建立规则,各部门(如交通局)的资金很难用议事会的方法使用,需要配套专项资金,长期持续地支持,给议事会发展让出一部分空间。当社区养成议事会做事的习惯后,会影响其他部门专项资金的使用办法,以此来倒逼顶层制度设计。推进社区的自主和自治,经过村民充分的议,使其意愿得到充分的表达。

附

成都市村民议事会议事规则(试行)①

第一章　总　则

第一条　为了推动村民议事会和村民小组议事会规范运行,根据《关于进一步加强农村基层基础工作的意见》(成委发[2008]36号)和《关于构建新型村级治理机制的指导意见》(成组通[2008]113号)文件精神,制定本规则。

第二条　村民议事会、村民小组议事会接受村党组织领导。

第三条　村民议事会、村民小组议事会议事决策应坚持依法依规、民主讨论、公开表决和少数服从多数原则。

第二章　会议的召集和组织

第四条　村民议事会会议每季度至少召开一次。村党组织书记认为需要时,可以召开村民议事会会议。

经村民小组议事会成员提议,应召开村民小组议事会会议。

第五条　村民议事会会议由村党组织书记负责召集并主持。村党组织书记因故不能主持会议的,可委托党员议事会成员主持。

村民小组议事会会议由召集人负责主持。

第六条　村民议事会、村民小组议事会须有4/5以上成员到会方能召开。

第七条　村民议事会召开会议时,村党组织成员和村民委员会成员可列席。经村民议事会同意,本村村民、村集体经济组织或其他组织主要负责人、议题相关人可以列席。

上述人员列席会议时可以发表意见,但不享有表决权。

第八条　村民议事会和村民小组议事会成员不得发表违反宪法、法律法规和党的路线方针政策的言论。

---

① 成都市政府网站 http://www.chengdu.gov.cn/uploadfiles/300808/2010819174856.doc

第九条　村民议事会和村民小组议事会召开会议时,会议召集人应当保证议事会成员充分发表意见,不得随意干涉。

第十条　村民议事会召开会议时,应提前3天将会议议题通知村民议事会成员,并予公告。村民小组议事会召开会议,应提前通知会议议题。

第十一条　村民议事会和村民小组议事会成员应在会议前就会议议题征求村民意见,并在会议讨论时说明村民对议题的意见。

第十二条　村民议事会和村民小组议事会召开会议时,其成员因病或其他原因不能参加会议的,应向召集人请假。

第三章　议题的提出和审查

第十三条　村党组织、村民委员会或其他村级组织、村民议事会成员、10名以上年满18周岁以上的村民联名,可以向村民议事会或村民小组议事会提出议题。村民小组议事会成员可以向村民小组议事会提出议题。议题必须是具体的、明确的、可操作的行动建议,一般应以书面形式提出。特殊情况下,村民议事会成员或村民以口头方式提出议题的,村党组织应如实记录议题内容、议题提出人,并由议题提出人签名(捺印)。

第十四条　提交村民议事会的议题,由村党组织负责受理并审查。

第十五条　村党组织受理议题后,应对议题进行审查,决定是否提交村民议事会。经审查不同意提交村民议事会、村民小组议事会的,应通知议题提出人,并说明理由。

第十六条　村民小组议事会议题由其召集人负责受理,经村党组织审查同意后提交村民小组议事会。

第十七条　提交村民议事会、村民小组议事会的议题应当符合现行法律法规和政策的规定,属于村民自治范围。

第四章　议事规则

第十八条　村民议事会会议的主要程序为:

(一)清点并报告到会人数。

(二)村民委员会报告村民议事会议决事项的执行情况。

(三)村党组织通报议题提出和审查情况。

(四)村党组织通报提交本次会议审议的议题内容和提出人。

(五)议题提出人对议题进行说明。

(六)议题联名人发言。

(七)议事会成员就议题依次发言。

（八）议事会成员就议题进行辩论。

（九）对议题逐项进行表决。

第十九条　村民议事会、村民小组议事会成员发言应当表明赞成或反对，并说明理由。不得有侮辱、人身攻击的言行，不得发表与议题无关的言论。

第二十条　对意见分歧较大的议题，会议召集人应当提议搁置议题，经实到会半数以上人员同意，交由下次会议审议表决。

第二十一条　村民议事会、村民小组议事会表决实行一人一票制，原则上应采用无记名投票方式进行。表决结果由会议召集人当场公布。

第二十二条　表决议题由村民议事会或村民小组议事会全体成员的 2/3 以上人数通过。

第二十三条　表决时，任何人不得强迫他人赞成或不赞成某项议题。

第二十四条　表决前，村民议事会、村民小组议事会成员可以提出将议题提交村民会议、村民代表会议或村民小组会议的动议。经实到会人员过半数同意，议题应提交村民会议或村民代表会议讨论决定。

第二十五条　村民议事会、村民小组议事会召开会议时，召集人应指定会议记录人，做好会议记录。会议记录内容应包括会议议题、双方观点、表决结果等，经到会人员签字确认后归档。

第二十六条　村民议事会、村民小组议事会通过的决定，应向村民公布。

村民小组议事会通过的决定，应报村党组织备案。

第二十七条　1/3 以上年满十八周岁村民联名，可以要求村民议事会、村民小组议事会重新审议议题，或提交村民（代表）会议、村民小组会议审议。

第五章　决定的执行和监督

第二十八条　村民议事会通过的决定，由村民委员会负责组织实施。村民小组议事会通过的决定，由村民小组长负责组织实施。

第二十九条　村民议事会、村民小组议事会负责对决定执行情况进行监督。对违背决定内容或执行不力的，村党组织书记、村民小组议事会召集人应召集村民议事会、村民小组议事会专题讨论，提出整改意见；对造成重大损失的，向村民（代表）会议提出处理意见。

第三十条　村民议事会成员认为必要时，可列席村民委员会相关会议。

第三十一条　对村民委员会未经村民会议、村民代表会议或村民议事会讨论通过实施属于村民自治范围内的事项，村民议事会有权审查并否决。

第三十二条　村民议事会应采取设立意见箱、随机勘察、调查走访、查阅资料等形式对决定执行情况进行监督,并定期向村民公布。

第六章　附　则

第三十三条　本办法适用于成都市辖区内的村、涉农社区。

第三十四条　各地应依据本规则制定相应细则,经村民会议通过后实施。

第三十五条　本规则由中共成都市委组织部和成都市民政局负责解释。

案例十一　卧龙自然保护区的梦想

···

缘起

2013 年 11 月 7 日,卧龙迎来了成立自然保护区 50 周年和成立特别行政区 30 周年区庆的日子。而早在一周前全区父老乡亲和政府员工相互奔走相告,为区庆准备了丰富多彩的表演节目。特区卧龙下属两镇政府也为表演节目的人准备了丰富的奖品。区庆是卧龙特区最大的公共活动,每 3~5 年才会举办一次,父老乡亲参与热情十分高昂。

自然保护区与镇政府、社区一同办区庆本就是全国鲜见的事情,而这一切始于卧龙特殊的管理体制。卧龙在保护区的基础上建立了特别行政区,负责管理下辖的卧龙镇和耿达镇,共计 6 个行政村、26 个村民小组、近 6000 人。虽然特区并不是一级政府,却行使了带有浓郁保护区色彩的政府职能。一般情况下,自然保护区和社区之间的关系是比较微妙的,因为始终要面临在保护和发展中做选择的问题,自然资源的利用和保护本就不存在明显的边界;而在卧龙,保护区与社区的该如何平衡这样的关系,况且社区本就在保护区腹地,保护区工作不可能割裂社区单独开展工作。卧龙这段特殊的历史不但记录了中国最前沿自然保护区的变革,同时也记录了的保护区和社区形成的长久而微妙的关系。

卧龙行政体制的历史沿革

卧龙国家级自然保护区的历史与其他自然保护区非常不同。卧龙保护区是国家林业局直属的自然保护区,由于大熊猫保护的重要地位,在成立保护区的 20 年后,卧龙又成立了特别行政区,再次将保护区内卧龙镇和耿达镇纳入管理范围,此前两镇隶属于四川省阿坝州汶川县。成立特区后,这两镇由特区直接管理,行政体制产生了较大变化。以保护区管理为目标的行政体制改革,卧龙是全国唯一一例。随后卧龙保护区迎来了蓬勃发展的 30 年。

1963 年 4 月 2 日,四川省人民委员会以(63)川农字第 0191 号转发四川省林业厅《关于积极保护和合理利用野生动物资源的报告》,批准在汶川县卧龙关大水沟林区建立卧龙国家级自然保护区,面积 2 万公顷(4 亿平方米),由汶川县管理,保护区内的卧龙关森林经营所同时撤销,原有人员转入保护区。保护区编制为 5 人,主要任务是保护和管理三圣沟以上 2 万公顷的自然资源,主要保护对象为大熊猫、金丝猴、牛羚、白唇鹿等珍稀动物及自然生态系统。卧龙成为新中国建立的第一个大熊猫自然保护区。

1975 年 3 月,国务院转发农林部、四川省革委《关于四川省珍贵动物保护管理情况的调查报告》(国发〔1975〕45 号),提出"将汶川县卧龙国家级自然保护区由 2 万公顷扩大到 20 万公顷,作为全省的中心自然保护区,由省直接领导,搞好规划,积极建设。"为此,农林部投资 1200 多万元将有 2000 多名职工的红旗森工局搬迁到松潘县,从而使卧龙地区的森林资源得以保存下来。根据相关规定,卧龙升级为国家级自然保护区。经过一年多筹备,卧龙国家级自然保护区管理处于 1977 年 3 月正式成立。

1978 年 12 月 15 日,国务院国发〔1978〕256 号文批准,将卧龙保护区收归林业部管理。1979 年 10 月 18 日,林业部〔1979〕护字 3 号文通知,成立"中华人民共和国林业部卧龙国家级自然保护区管理局"。至此,卧龙保护区成为林业部直属的国家级自然保护区,实行林业部和四川省双重领导至今,以林业部为主。

1983 年 3 月经国务院批准,将卧龙保护区内汶川县的卧龙、耿达两个公社划定为汶川县卧龙特别行政区,实行部、省双重领导体制,由林业厅代管。同年 7 月,省政府、原林业部联合做出了将四川省汶川县卧龙特别行政区改为四川省汶川卧龙特别行政区的决定,并采用与卧龙自然保护区管理局合署办公的综合管理体制。

1990 年 6 月 13 日,林业部以《关于下达重新核定的四川卧龙、甘肃白水江、陕西佛坪国家级自然保护区管理局事业编制的通知》(林人字〔1990〕212 号)将"林业部卧龙国家级自然保护区管理局"更名为"四川卧龙国家级自然保护区管理局"。

极致的大熊猫光环

卧龙国家级自然保护区是新中国第一批建立的自然保护区,具有开展生物多样性,尤其是大熊猫保护的深厚基础。相比于全国大多数自然保护区,卧龙保护区由于距离中心城市近(公路距离成都 130 千米,车程约 2 个小时)、面积大(20 万公顷)、野生大熊猫数量最多(100 余只,约占全国野生大熊猫数量的 10%)、生物多样性丰富(脊椎动物有 450 多种,昆虫约 1700 种,植物有近 4000 种)和工作人员素质高(研究生与本科生占全体职工比例达到 25%),得到了国家和社会各界高度的关注和支持。毋庸置疑,卧龙保护区是中国生物多样性保护的形象展示区和标志性区域,在生态保护方面在全国都具有最优的综合条件。

从保护区建立初始,卧龙保护区就是中国自然保护区保护与科研结合的典范,在大熊猫生态学研究,尤其是繁育和行为科学以及野生生态监测领域,取得了骄人的成果:成功攻克了圈养大熊猫人工繁育工作中的"发情难,配种受孕难,幼仔成活难"的三大难关,幼仔存活率从 2008 年至今已经连续 5 年达到 100%。圈养大熊猫总数达到 200 余只,占世界圈养种群的 65%;卧龙保护区于 1978 年就建立了世界上第一个大熊猫野外生态观察站,率先采用无线电跟踪、GPS 定位等手段,对大熊猫个体生态、种群以及大熊猫主食竹类开展生态监测,为全国自然保护区开展野外生态监测积累了宝贵的经验。

卧龙自然保护区是野生大熊猫分布最广、种群数量最多的国家级自然保护区。在全世界,大熊猫保护地位也是无可替代的。卧龙自然保护区是世界级的大熊猫科研和保护工作基地。由于长期的自然保护管理基础,卧龙特区境内野生大熊猫种群数量多,大熊猫栖息地及走廊带完整,生态系统功能完善,生物多样性丰富。特区以大熊猫科研与保护为核心的品牌知名度高,有着深厚的科研基础和长期的科研实践,卧龙大熊猫及保护工作在社会关注与认同度高,吸引着国际国内知名专家学者、各类组织和高校、各级政府和领导、各方企业和游客,是各方选择考察、研究、投资、参与保护的首选。

卧龙管理体制解读

卧龙是中国唯一一个政事功能合一的自然保护区,其中,汶川卧龙特别行政区隶属省政府,四川卧龙国家级自然保护区直属国家林业局,保护区和管理局实行两块牌子、一套班子、合署办公的管理体制。中国很多自然保护区都存在区内或周边紧邻社区的情况,保护区的工作和社区发展始终是一对此消彼长的综合体。对于早期的自然保护区来说,最大的梦想不过是能够对社区拥有管辖权,这样就可以运用行政法律等强制手段来约束社区,保护区的压力一定会大为降低。从全国范围来看,能够做到这一点的只有卧龙国家级自然保护区,依靠特别行政区的背景,保护政策可以有效得到执行。

卧龙保护区是全国不多的生态文明体制建设试验点。自然保护区与社区关系一直是自然保护区管理部门面临的主要问题。为了解决保护与社区发展的冲突,通常的做法是通过生态移民等手段把原住民搬迁出去,开展封闭式的保护。而卧龙自然保护区作为全国唯一的试点,于1983年经国务院批准,四川省汶川卧龙特别行政区,即卧龙特区,与卧龙自然保护区管理局合署办公,由自然保护区管理局局长兼任卧龙特区主任,探索生态保护与社区发展协调的综合管理体制。

按照卧龙特区的管理架构,保护区管理局对耿达和卧龙的两镇6村享有行政管辖权。可以说,在全国2500多个自然保护区中,卧龙对社区能够施加的影响力是最大的,卧龙特区的成立比三江源国家级生态综合实验区(2011年)早了29年。现在特区和保护区的300多名职工,分别拥有公务员编制和事业单位编制,职责分工是一个逐渐清晰的过程。

卧龙特区管理人员级别也高于其他自然保护区。卧龙特区、保护区管理局和两镇领导干部中,最高负责人为副厅级,两镇书记均为副处级,且干部流动较少;拥有大量从一线开始工作的人员,他们都具备较强专业背景和长期工作经验。特区和管理局科技人员数量比例高,局级干部通常具备职称高、学历高的特点,接受新鲜事物能力强,开拓创新思维活跃,专业知识扎实。

特区工作人员十分稳定,向区外流动较少,更多的是在区内不同岗位间流动。因此,特区、管理局、卧龙和耿达两镇大部分干部都有基层到管理层的实践经验,对与社区发展相关的产业、民生等各方面情况都比较熟悉,同时也具有综合部门的管理经验。大部分干部同时具备"条"和"块"工作经验,综合能力强。对各村民小组资源情况、农民需求、群众意愿把握准确,群众工作基础扎实,十分有利于基层社区工作的推进。

特区的"特事特办"

特区与自然保护区管理局"两块牌子"对社区和保护区拥有充分管理权限,对社区拥有一定的政策制定和决策权,权限远远高于一般自然保护区,很多创新探索可以先试先行;相比于其他保护区,在探索生态文明体制创新方面也积累了更多丰富的经验与教训。基于50年的管理经验,尤其在特区建立后,卧龙特区经历了保护区和特区"两块牌子,一套人马"的行政管理体制变化,在处理保护区管理和社区发展关系两方面进行了大胆探索和创新,积累了丰富经验。

卧龙特区是"全域保护,全民保护"的自然保护区,从行政范围来看,特区和保护区的边界是一致的,全区面积约 2000 平方千米,以保护中国特有旗舰物种大熊猫为主要目标和任务。卧龙特区由省道贯穿特区全境,在保护区的核心区、缓冲区、试验区之中(核心区为野生大熊猫分布最为集中的区域);而社区分布在保护区中央沿省道的狭长地带,是保护区实验区范围,同样是天然林保护工程范围。

为了调动社区参与保护大熊猫的积极性,保护区专门为社区划定了天保责任林,按林班划分成若干份,授权社区管理国有林,由所有农户分别负责管护。保护区核心区与缓冲区仍由保护区各管护站负责,其中,部分管护站的管护员也由村民招聘而来。由此,卧龙特区建立了保护区和社区共同承担森林资源保护与管理的工作机制。在财政资金有限的情况下,卧龙特区将部分天保专项资金划拨社区,与社区形成较为紧密的委托关系,在其他保护区很难做到这样的政策创新。天保工程已经实施十多年,社区对于保护区的工作理解十分深入,保护的观念深入人心。

与四川大部分山区相比,卧龙特区最大的不同是其 6 个村没有集体林,除退耕林地外,所有林地均为国有,因此,在保护区严格的保护政策下,社区在林地上几乎没有发展空间,由于保护工作使得社区失去林业经济的发展机会。考虑到社区为保护牺牲了太多的发展空间甚至生存空间,卧龙特区经研究决定加大对社区的补贴力度。作为特别行政区,有一定权限进行政策创新,这体现了天保工程资金的安排上,天保工程将保护区和社区紧密相连,卧龙特区卧龙与耿达两镇共计 6 个村无疑就成为保护区补偿社区的典范。特区来自财政的补贴主要有天然林保护资金补贴、草原生态奖励补贴、退耕还林补贴,统计下来,特区每年每户均可以获得4000~6000 元的现金收入,且随着国家对生态保护投入力度的加大,补偿标准仍有增长的可能。而该地区平均每户的年收入也仅 20 000 元左右,财政补贴约占到了户均收入的 1/4,这在其他地区并不多见。

在大量的财政转移支付政策支持下,卧龙各村的经济生活是比较有保障的,这也造就了卧龙特区外出打工的人并不多的现象,与周边农村"空心化"形成鲜明对比。无论传统农业还是旅游业,社区百姓通常能够在本地找到较好的收入渠道,因此,他们没有外出打工的习惯。这种保障尤其在"5·12"地震过后的几年中作用十分明显,较高的生态补偿对于震后稳定社区生产生活起到了至关重要的作用。生态脆弱区的农村需要较高且稳定的生态补偿政策来应对更高的自然风险和市场风险。

生态补偿资金要求受益方有相应的责任来保护生态环境。在特区资源局的支持和指导下,保护区为每一户都制定了巡护天保林的责任范围,并签订了管护责任书;社区以联户的形式定期或不定期地巡山,镇政府与保护区联合制定了考核办法,定期检查社区的管护情况,并以此作为发放生态补偿和处罚的依据。保护区迈出这一步,是对现有天然林保护政策的突破,而且已经形成了保护区购买社区服务的雏形。虽然保护区对区内社区进行生态补偿也是处于对社区经济发展的支持,有更多民生问题的考虑,但这一购买服务的行为之所以成型,其最主要原因是保护区的支付行为以及保护区与社区之间契约关系的建立,更进一步地建立了初步的保护成效考核体系,这些制度基础在购买服务一开始就有了明确。卧龙特区的生态补偿资金不仅带给社区一定经济效益,而且在很大程度上产生了很大的社会效益,保护区和社区之间委托、购买服务的关系更加紧密,改变了保护区和社区关系紧张的局面。

保护遇到小康社会

"5·12"地震是卧龙特区经济社会发展的分水岭。"5·12"地震前,由于较高的生态补偿,加上农业和旅游业的支撑,卧龙特区的社区经济发展水平高于周边的汶川县、理县和茂县的农村社区。卧龙特区社区的主要收入来源是传统农业和旅游业。在传统农业中,以种植莲花白和养殖猪、牛、羊为主;而旅游业的收入大多来源于过境游客在特区内的餐饮和住宿接待,少量的来源于登山爱好者在特区聘请村民做向导或劳动力的劳务费用等。灾后重建为震区村民提供了丰富的就业机会,因此,村民的经济收入与外界并没有太多差距。真正的差距在灾后重建基本完成后的近3~5年内,灾后重建项目陆续结束,本地务工机会逐渐减少,卧龙特区仅余一条省道作为生命通道,在随后的几年雨季中连续发生次生灾害,造成道路季节性中断,使得当地不但与外部旅游市场的联系中断,而且莲花白等优势农产品也因雨季的道路不通而滞销。而汶川等地灾后重建的基础设施已经十分完善,灾后生产恢复迅速,经济状况已经明显领先卧龙特区。在特区村民的生活水平由高于外界变为落后于外界,这种变化给特区村民带来了不小的心理落差。

卧龙特区村民的保护意识比较高,即使经济条件暂时落后,也没有因此破坏生态环境,仍然自觉地履行着与保护区签订的管护责任书。道路不通畅对保护区的保护工作是大有益处的,对于特区和卧龙、耿达两镇的经济发展而言则压力与日俱增,在保护区保护成效稳定的情况下,经济发展成为特区发展的主要任务。党的十八大报告《坚定不移沿着中国特色社会主义道路前进 为全面建成小康社会而奋斗》对中国在 2020 年全面建成小康社会提出了总体要求,而卧龙特区的经济、文化发展水平都远远落后于全国、全省的平均水平,在大保护的背景下,面对极其有限的可利用的自然资源,带领全区近 6000 人实现全面小康是有很大难度的。

曾有学者提出,对于因自然灾害频发严重影响当地居民生产生活,同时又属于自然保护区的地区,应鼓励开展生态移民,将村民搬出危险区域,这样既利于农村社区发展,又利于保护区工作的开展。然而,移民工作的难题在于将这些村民搬迁到哪里,对离开土地的农民如何解决安置和后续保障的问题,甚至还需要面对由于移居新地区带来的融入感、拥有感等社会问题。新的问题不断被提出,所有问题的解决的时间点都被寄托于新规划的道路 2016 年底全线修通这个时间节点上。而面对社区发展问题,特区和两镇政府还要去面对另外一个体制性难题。

又见体制束缚

随着 2020 年全面建成小康社会目标时间临近,卧龙特区仍然面临着自然保护和社会发展的两大困难。特别是在"5·12"地震后,经济发展受到严重影响,如何带动区内百姓,尤其是社区村民发展经济并提高生活水平成了一个重要的课题。卧龙特区的两镇同样面临农业、农村和农民的"三农"问题,而且社区的要求也越来越迫切。

地震过后,卧龙特区山体松垮,大量的次生灾害已经严重影响到了特区农民的生命财产安全。卧龙特区自然灾害的发生具有长期性、不确定性、频繁的特点,虽然特区争取了大量资金开展治理工作,但仍无法满足灾害治理的需求,尤其对于道路和耕地的冲毁严重制约了当地旅游业和农业的生产和发展。不过,在省交通部门的协调下,将重新部署一条新的生命通道,并计划于 2016 年底实现贯通,基本解决特区与外界的交通问题。

从中国当前的形势来看,"三农问题"的解决需要两条腿走路:一是拓展市场,紧密围绕市场发展经济;二是争取各级政府和各个部门支农性财政投入。目前,卧龙特区由于地质灾害使农民的旅游业和种植业受到严重影响,制约了经济的发展。而在政府财政投入上,一方面卧龙特区的主管部门为国家林业局,他们在非本行业的领域,如农业产业化发展和文教卫生等社会事业发展等方面,能力有限;另一方面,由于特区的行政级别,使得省、州的各级政府部门在相关项目规划时很容易把卧龙特区边缘化。

市场发展受自然灾害和交通条件制约,政府财政投入受行政体制制约,两个制约严重影响了卧龙特区"三农问题"的解决。在与汶川县的其他乡镇横向对比中，区内部分农民对卧龙特区的失望和不满情绪在逐渐增大。

可以说，卧龙特区目前生态保护体制虽然部分地解决了区内自然保护区管理与社区发展的二元结构问题，但在特区与上级行政区域间形成了更大的二元结构。事权与财权不协调，在经济收入、生产生活方式等方面，保护区管理局和特区的职工与两镇农民均有较大差异，职工是农民收入水平的4~5倍，二者成为特区完全不同的群体，尤其在未来3~5年，两镇农村经济增长缺乏后劲的情况下，卧龙特区城乡差距将有进一步扩大的可能。保护区管理工作和社区经济社会发展工作仍存在着一定的矛盾，在管理机制和考核目标上存在一定程度的割裂，社会发展工作职能主要由财力严重不足的两镇政府承担，管理局和特区的工作连接程度不高。

大部分干部由保护区职工成长而来，重保护的工作思想在特区管理上仍占主导地位。他们对于保护工作以外的相关政府和社会信息了解不足，两镇农民至今仍然延续着十分传统的种养业，缺乏农业产业化和发展模式创新。而且，特区体制的特殊性使得特区成立至今促进保护工作的效果已经显现；但在目前农村经济社会发展压力增加的形式下，体制的弊端也显现了出来。行业部门出身的管理局与外界拥有完全职能的政府部门缺乏足够交流，不易获得外部创新的社会经济发展思路和经验，使得特区经济发展逐渐滞后于周边县区。

特区财政被纳入行业部门预算，而非真正意义的政府综合预算，财政收入资金有限，林业部门行业资金在发展文化、教育等民生事业的资金短缺，而二元结构又导致特区政府在财政资金渠道中被边缘化。农业发展资金处于长期短缺状态。卧龙特区不能作为一级政府，尤其在镇政府一级，无法对接上一级政府工作，财政资金来源明显不足。2012年特区预算内财政收入仅1700余万元，基础设施建设和三农政策项目资金短缺，灾后重建结束后，面临较大资金需求压力。

在保护目标约束极强的情况下，社区的发展目标往往容易被忽略，加之卧龙特区行业部门管理的特殊体制，在早期野生动植物遭受极大威胁的情况下，无疑是"对症下药"，迅速挽救了这2000平方千米珍贵的大熊猫栖息地，使其历经多年，为野生大熊猫保存下了有限的繁衍生息场所。当保护的大目标转向民生时，卧龙特区的体制再一次呈现出了其不利的一面。这一中国自然保护区的旗帜，仍然需要在体制和职能转换中不断摸索前行。唯有再次创新，才能将梦想的接力棒由保护区很好地传递给特区。

把汶川卧龙特别行政区建成四川生态文明制度建设高地①

一、汶川-卧龙特别行政区具备世界级生态文明示范点的良好条件

四川省汶川-卧龙特别行政区(下称为卧龙特区)是全国唯一一个政事功能合一、自然保护区具有政府职能且管理农村社区(辖卧龙、耿达两镇近5000农民)的生态区域。从上世纪70年代末至今,卧龙特区就是生态保护体制创新的国家级试验区。

大熊猫是中国最具有生态文明象征意义的物种。卧龙特区有约150只野生大熊猫,是全国野生大熊猫数量最多、密度最高的自然保护区。特区所辖的中国大熊猫研究中心不仅是全球大熊猫行为与繁殖科学中心,还因每年都有十余只新生大熊猫而吸引了社会广泛关注。从生物多样性的重要性和丰富度来看,卧龙特区是四川生态文明建设最能吸引世界眼球的闪光点。

卧龙特区距成都中心城区不到100千米,其中80千米为高速公路,具有得天独厚的区位优势,具备示范点的良好条件。保护大熊猫在卧龙特区具有深厚的群众基础,汶川地震后曾出现群众自发送别大熊猫的感人场面。

诸如青海的三江源、河北的塞罕坝、福建的邵武,具有全国影响的生态文明体制创新省区都有自己的实验示范区,而卧龙特区具备成为四川深化生态文明体制改革试验点的良好条件。

二、卧龙特区在深化生态文明体制改革的具体探索

卧龙特区在四川省林业厅的领导下,根据十八届三中全会部署,围绕深化生态文明体制改革,努力探索破解三个难题。

(1)探索一——限制开发区农民利用自然资源,如何实现全面建成小康社会目标?

自然保护区内严格禁止农牧民进入并利用自然资源,极大地制约了四川全省200余个自然保护区(国土面积约15%)内或周边社区的经济发展。全省约65%的土地被划为重点生态功能区类型的限制开发区,如果不能寻找到一条可持续的利用自然资源的路子发展经济,是很难实现全面建成小康社会目标的,即使勉强达到,也难以长期巩固。

---

① 李晟之,副研究员,四川省社会科学院 农村发展研究所。

卧龙特区在四川省社科院帮助下，试点"村民小组三生产业模式"，三生产业即生态保护产业、生态种养殖业、生态旅游业。该模式强调在一个小区域（村民小组）三生产业均衡发展、相互促进，以在充分利用自然资源的同时保护好资源环境，同时应对气候变化、地震和泥石流等频繁山地灾害和剧烈市场波动的威胁。以村民小组为三生产业单元，区别于以农民家庭（规模太小）和行政村（规模大，难以做到信息公开透明并发挥集体协商力量）为单元，一方面调动农村社区的正能量，另一方面借助农民间的自我约束机制来发展集体经济，从而可持续利用山区自然资源。

2014年，卧龙特区计划在两个村民小组开展试点，2015年计划扩展到6～8个，2016年在剩余16个村民小组全面铺开，从而形成每个村民小组都具备相互协调且各具特色的三生产业、特区全民参与生态保护并因保护而在经济上持续受益的新局面。

（2）探索二——多元化生态保护投入机制如何建立

单纯依靠政府的力量，尤其是天然林保护工程项目等中央财政转移支付来保护和管理四川省面积巨大的生态功能区，一是资金有巨大缺口，二是难以进一步提升保护成效，不能满足全省日益增长的生态服务功能要求，亟须建立多元化的生态保护投入机制。

然而，社会资本进入生态保护领域，一方面由于没有明了的准入机制，相关程序和要求也不公开透明，往往令潜在的投资人无所适从，望而却步；另一方面社会对于来自农民和民间资本投入生态保护的动机常常充满怀疑，不仅投资人难以自证其保护成效，相关政府部门也由于缺乏监管机制而难以提供有力的佐证支持。尽管十八届三中全会提出了"建立吸引社会资本投入生态环境保护的市场化机制"，但在四川全省范围内依然缺乏良好实践。

从2011年开始，卧龙特区在全省率先尝试把位于自然保护区缓冲区甚至部分核心区的天然林交给区内农民进行管护。因为承担管护责任加上退耕还林等项目，特区内农民每户每年能够从参与生态保护获取5000～8000元收入。3年来根据大熊猫监测数据提供的信息表明，农民负责的大熊猫栖息地得到了良好的管护。

　　当前,卧龙特区正进一步探索赋予农民增量的保护责任,同时给予农民增量的生态保护性收入,力争在2020年实现户均保护性收入翻一番,并带动旅游业和种养殖业增收。

　　赋予农民增量的保护责任,将使卧龙特区的保护不仅仅局限于较为被动地防止偷盗猎和盗伐林木等领域,还开展野生动物种群和栖息地管理,引领全国的生物多样性保护理念和实践上新台阶。增量的资金如果覆盖卧龙特区全境,预计需要1000万~4000万元/年,因此,需要利用卧龙大熊猫品牌号召力,充分吸引社会资本投入,建立社会力量与农民共同保护的生态文明建设平台。

　　相应地,卧龙特区也努力从社会资本准入机制、信息公开、保护技术提供、职责划分、区划调整、宣传规范、保护成效监管等多方面加以配套完善,所积累的相关管理办法和制度可以为四川省内更多的自然保护区和国家重点公益林区吸引社会资本参与提供参考。

　　(3)探索三——取消GDP考核后如何建立生态成效评估指标体系

　　"限制开发区取消地区生产总值考核"是四川省十届四次全会明确提出的深化生态文明体制改革的具体战略部署。重点生态功能区类型的限制开发区约占四川全省国土面积的65%,以什么样的评估指标来取代GDP是亟须认真思考并迅速开展试点的问题。

　　根据国家主体生态功能区划,限制开发区的主要任务是生态保护和生态文明制度建设。卧龙特区与省统计局、省社科院共同尝试应用卧龙特区世界领先的大熊猫监测技术,把大熊猫栖息地质量变化作为生态建设成效的核心指标,并结合生态经济发展、环保意识提高等构建"四川汶川-卧龙特区全面建成小康社会指标体系"。

　　新指标体系特点是以生物多样性保护成效和生态系统服务功能取代污染排放量作为主要评估对象,从而更加接近全省限制开发区生态文明建设的核心要旨。其指标至少对"四川大熊猫栖息地"等世界遗产地具有一定的参考性。

　　当前卧龙特区正积极开展的三项深化生态文明体制改革探索,紧扣十八届三中全会战略方向,涉及限制开发区生态保护体制改革的深水区。通过这些改革,卧龙特区不仅希望推进大熊猫保护、发展生态经济、构建多方协力的生态文明建设平台,还致力于建成全省生态文明建设高地,成为向外界彰显四川生态大省形象、展示四川生态文明制度建设成果的窗口,同时还将为其他限制开发区保护与发展提供可以借鉴的经验与教训。

三、把卧龙特区建设成为四川生态文明制度建设高地的两点建议

卧龙特区努力建设成为全省生态文明高地的探索,需要得到两项政策支持。

(1) 明确赋予卧龙特区深化生态文明体制改革任务

卧龙特区正在进行的生态文明体制改革,尤其是"村民小组三生产业模式"、"多元生态保护投入机制"、"以大熊猫栖息地质量评价为核心的全面建成小康社会指标体系",符合四川省十届四次全会的改革部署,涉及生态保护体制改革的深水区,建议列入四川省全面深化改革相关议题,并责成四川省林业厅加强对于卧龙特区的指导和支持。待改革取得一定成效、摸索出一定经验后,由四川省林业厅提出申请,成立"四川省汶川-卧龙生态文明制度建设实验区"。

(2) 把卧龙特区纳入省扩权强县推广范围

卧龙特区肩负卧龙、耿达两镇近 5000 农民的经济发展、医疗卫生、教育、治安等综合性管理责任。作为由四川省林业厅主管的二级预算单位,卧龙特区非林业预算科目不能在上级主管部门的预算中列出,因此难以获得相应的政府预算拨款,这不仅限制了卧龙生态体制改革推进和实现全面建成小康社会目标,连日常很多农村管理工作都面临具体困难。例如,阿坝州预算内每个公安人员年度经费为 10 万元,而卧龙特区两个派出所的公安人员人均只有 3.5 万元,极大地影响了卧龙特区内应对突发事件的处置能力。又如,卧龙特区由于没有相应预算,无法履行《四川省民族地区教育发展十年行动计划(2011—2020 年)》。

四川第一批和第二批共计 59 个扩权强县试点县,更多考虑的是经济大县和人口大县。在加快生态文明制度建设的宏观改革背景下,建议把卧龙特区纳入省扩权强县试点县,一方面解决原有体制问题,另一方面夯实卧龙特区作为生态文明制度建设高地的基础。

评论

李晟之(四川省社会科学院 农村发展研究所 副研究员)

真正的保护目标和保护工作需要重新思考和定位,卧龙作为自然保护区正处在转型期,保护工作已经得到了很高的评价,对社区的管理和提倡参与国有林管护

的方式也取得了阶段性的成效。在如今保护面临的问题已不突出的时候,卧龙自然保护区的职能更多地需要转向社区工作,不仅是社区参与保护工作,而且社区需要进一步从保护工作中得到实在的收益。

相比于外界,卧龙社区的发展受到非常大的限制,主要体现在三个方面:第一,由于常年的自然灾害,道路严重受损,社区与外界市场的联系时断时续,农产品也难以运出销售;第二,保护区关于自然资源利用的政策限制十分严厉,产业发展受到很多生态指标束缚,且地处山区的卧龙社区甚至没有集体林可供发展,在全域保护的卧龙体制下,社区依靠林地资源发展的机会几乎丧失(由于树林过密,林下经济的发展也受到制约);第三,卧龙的财政体制导致投入社区发展的政策、资金、项目十分有限,社区本身的发展缺乏支持。

何兵(山水自然保护中心 项目协调员)

卧龙的案例说明保护区和社区的目标一般难以统一,在卧龙作为特区的体制条件下,通过强制性的行政命令让社区为保护工作让步,使得大熊猫得到有效保护。然而当社区的保护意识和能力得到提高后,保护区的工作压力极大减少,此时,作为特区的身份,却面临着让社区同步发展起来的压力。用保护的成果支持社区发展成为卧龙首要课题。显然,卧龙的各种限制已经阻碍了社区发展,保护的目标转变为基于保护而发展的目标。卧龙保护区职能的这一转变让我们反思保护区与社区的关系,更重要的是强势的一方——保护区能够转变对社区的态度,将工作目标从单一的保护转向社区,这样,未来的卧龙保护区和社区之间才会形成妥协、合作、共赢的关系。

案例十二　气候变化中的社区保护

缘起

纳普村是茂县北部宝顶沟自然保护区周边的一个羌族社区,距离乡政府 3 千米。该村的村民居住于高山半坡,居住海拔段为 2000~2500 米。全村辖区面积 5 平方千米,森林面积 20 000 亩,耕地面积 1000 亩,退耕还林地 1700 亩。

纳普村共 6 个村民小组(分别是上下渡米组、日里查组、卡尔组、上组、下组、季格组)。全村人口共计 210 户,1069 人,其中 95% 为羌族。全村人口文化程度普遍偏低,大约有 50 多人读过高中,有 300 多人上过初中,大约 600 人仅有小学文化水平,还有 100 余人不识字。全村村民的收入主要依靠种植业、养殖业和退耕还林的补贴,此外还有少量外出务工和发展旅游业的农户,人均收入仅有 3000 多元,仍处在贫困线以下。该村羌族文化保存比较完整,神树、神山等传统羌族文化中自然崇拜的内容传承在自然资源管理中发挥着重要作用,目前每个村都保留有释比[①]文化的传承人。

近年来,纳普村种植业逐渐由单一粮食作物向多元化发展,很多农民选择经济价值较高的花椒、蔬菜等作物。纳普村所在区域的地理气候条件十分适合花椒种植,当地产的花椒在市场上有着不错的口碑。村民的种植业中主要收入来自于花椒种植,约占其总收入的 40%。花椒种植受自然约束力较强,年产量与当年的气

---

① "释比",汉族称为端公,西羌族不同地原的称呼又有好几种,"许"、"比"、"释古"、"释比"等。"释"是释比在做法的意思,"比"是古老的羌民族遗留至今的一大奇特原始的宗教文化现象。释比是羌族中最权威的文化人和知识集成者。在这奇特原始的宗教文化里,人们相信万物有灵,信仰多神教,而释比被尊奉为是可以连接生死界,直通神灵的人。

候状况有直接关系,近年来,由于天气变化,该村花椒的经济收入大幅度下滑,尤其在"5·12"地震过后,气候变得更加紊乱,几乎每年花椒生产都要遭受严重损失。同时受雨季影响,花椒无论产量还是质量都有所下降,本地商贩借口压价,村民也因此蒙受不少损失。

纳普村的另一块收入是国家每年每亩补助150多元的退耕还林补贴和每亩10元的生态公益林补偿收入,这都是村民们非常重视的稳定收入来源。羌族人有着敬畏自然的文化传承,纳普村社区有着保护生态环境的优良传统。近几年来持续的自然灾害,尤其是气候变化对花椒生产的影响,使村民对气候变化的感受也越来越深刻。

社区的声音①

近年来,纳普村的村民明显感受到了气候变化。气温、降水量以及出现灾害天气的频次等与过去几年形成了鲜明对比。总体来看,村民对当地气候变化有如下感受:

第一,村民普遍反映,温度有所升高、极端气候增多。近几年下雪量的减少已成为当地气温升高的一个重要标志。村民普遍反映当地气温总体上有所升高,最明显的一个变化就是每年冬季的降雪量减少了,冬季没有以前那样寒冷,而且降雪覆盖地面的厚度也逐年变薄。据纳普村村长回忆说:"前几年雪下的还很大而且多,这几年雪下得越来越少了。"谈及降雪的问题时,有村民表示:"以前下雪多,百姓没办法上山砍柴,现在雪少了,更多的人到山上去砍柴了。"这一方面说明,随着气候变暖,降雪量比往年少了;另一方面,由于砍伐较多,村民需要到更远的地方砍柴,森林资源正不断地减少。然而,由于森林资源的破坏,极端气候有时还会变得更加恶劣,因此,有些村民会反映:"夏天热的时候特别热,冬天冷的时候却特别冷。"一些极端气候也在频繁出现。例如,村民反映:2008年雪灾的时候,气温要比往年低很多。

第二,降雨量总体减少。降水量是当地村民反应最强烈的问题之一。村民们都提到,这几年雨水非常稀少,而且连年干旱,饮水都变得非常困难,这里前三年连续干旱,水源越来越少,水量也越来越小。谈及降水问题时,纳普村村长说:"以前水很大,饮水根本不是问题,新中国成立后由于乱砍滥伐,破坏了水源,虽然1980

---

① 由WWF在茂县支持的一项气候变化研究印证了村民的声音。所有的气象数据表明,当地气候条件正在逐渐恶化。

年后实施了护林,但到了夏天太阳大时,有些水源几乎干了。"村长的妻子也介绍说:"在80年代时,这里水量特别大,水质也特别好,水井里的水冬暖夏凉,冬天暖的时候还会冒烟子(即水蒸气),现在没有了,自从土地承包后,水一年比一年少了,现在全村都非常缺水。"现在,很多村民都要到取水点去背水,如果碰到雪灾的时候,全村村民都需要去背水。

第三,自然灾害频发。80年代全村土地实施了承包到户以后,乱砍滥伐现象十分普遍,严重破坏了森林资源,而树木承担着保持水土的重要作用,大量的砍伐导致雨季时自然灾害频繁发生,进而森林遭到更多的破坏,森林涵养水源的能力进一步减弱,形成了恶性循环。当地村民反映危害最大、最常见的自然灾害有干旱、冰雹、雪灾等,严重地影响了村民正常的生产生活,甚至带来了巨大的生命、财产损失。自"5·12"地震过后,几乎年年都有自然灾害发生,而且发生的次数和频率也都在增加。说到自然灾害,村长妻子说:"近几年,自然灾害比较多,尤其是冰雹,而且冰雹的颗粒都比较大。"同时,有村民反映:"这几年,干旱天气明显比往年多了很多。"

气候变化背景下的生产生活

气候变化对于纳普村村民生产生活的影响是全方位的,仅干旱就给村上带来了很多不便。

(1) 社区对水资源的利用

气候变化对社区生活上最大的影响是饮水问题。现在,全村可利用的水源非常少,而且离社区较远,很难满足全部村民的日常生活。一些离水源较近的农户可以将水接到住处,如果离得较远,就需要靠背水来满足日常所需。背水会耗费很长的时间和体力,加上山路崎岖,使得取水比较辛苦。近几年来,由于生态环境恶化,饮水安全成为另一个重要问题。据当地村民反映,不光水源变少,水质也存在了一些问题,近来有一些疾病出现,甚至出现癌症患者,这些在以前是很少听说的,他们认为这些疾病的出现与生态环境的破坏,尤其是与水源水质变差有很大关系。此外,太阳能也是当地村民普遍认同的能源利用方式,然而,有些家庭虽然已经购买了太阳能热水器,但苦于没有水源保证,也无法利用。

(2) 除饮水问题外,社区对薪柴的获取和利用也产生较大变化

薪柴是纳普村村民获取能源的主要来源,与他们的生产生活密不可分。通过访谈,我们了解到,就一般农户而言,每年薪柴的消耗量在1万斤以上;如果人口较

多,例如,接受访谈的一个村民家里有 5 口人,他家一年的薪柴消耗量在 2 万斤左右。这样,即使保守估计,平均每户年消耗薪柴 1 万斤,全村农户共有 227 户,每年的消耗量就是 227 万斤。根据当地的生育政策,每家可以生育两个子女,每家 4~5 口人是比较正常的,因此,实际的薪柴消耗量是远远大于这个数字的,而这也仅是茂县永和乡一个普通村的消耗量。据了解,由于村民对林木的乱砍滥伐,现在恢复森林资源的压力越来越大,虽然有气候变暖的趋势,但这并没有降低他们的薪柴消耗量,冬天烤火、做饭、煮猪食等传统的生活方式仍然需要大量的薪柴供应,村民认为这些已经成为他们的生活习俗,例如,到了冬天,一家人或者和亲戚朋友一起围在火塘旁一边烤火一边聊天,看着烧得红彤彤的柴火,心里会觉得很暖和,十分舒适。

当地薪柴采集时间集中于每年的 11 月到次年 1 月,每天每人可采集 1~2 背柴(每背 80~100 斤)。随着当地人口的增加,薪柴消耗不断增加,薪柴采集来源减少,采集距离越来越远。据村长介绍,由于当初计划要建沙棘饮料厂,村民们在退耕林地中种植沙棘和侧柏等树木,但饮料厂没有建成。由于政策原因,退耕林地里的树木也不能动,8 年来一直保持原样,而沙棘和侧柏本身也不能作为薪柴使用,只能作为生态林管护起来。

近年来,随着道路等基础设施的修建,当地百姓出行变得更加容易,很多家庭劳动力选择外出打工来获得额外的经济收益以贴补家用,因此,消费结构也产生了很大的变化。一些经济条件较好的家庭选择在冬天购买一些焦炭或电暖设备来代替传统的烤火取暖。他们反映,如果经济条件好就愿意使用更为先进的取暖方式,一方面,可以减少薪柴的消耗,保护生态环境;另一方面,砍柴、背柴十分辛苦。据一位接受访谈的村民说:"为了获得够用一年的薪柴,家里要一个劳动力每年砍柴 3~4 次,一次就是十多天,而砍柴一个来回要 6 个小时,一天 2 背就要耗费 12 个小时,十分费力。而一家一年取暖 400~500 斤焦炭就够用了,如果有钱就烧焦炭或用电,也不愿意去背柴了。"受经济条件的制约,大部分村民还是选择上山砍柴,据村长介绍:"以前路不通,砍伐量不大,林地保护较好。路通以后,砍伐量较大,维护的压力也加大了。"

(3) 气候变化对种植业和养殖业的影响也很大

气候变化对花椒种植的影响最为明显。据村长妻子介绍,随着气候变暖,像花椒这种喜阴的植物最适宜种植的海拔有所升高,她说:"以前,在海拔 2000 米处花椒有霜,现在同一海拔处没有霜了,现在由于气候变暖,在海拔 2600~2700 米处的花椒才长得好。"高海拔地区又给村民增加了负担,提高了他们的生产成本。有数据显示,在 20 世纪 80 年代中期以前,茂县大红袍花椒的主产区在海拔大约 1600 米的河谷地带。近十多年,随着气候变暖,作为茂县花椒主产区的海拔 1600 米左右的河谷地带已不再适宜花椒的生长了,河谷地带的花椒大量死亡;而高半山的花椒却又长势良好,而且花椒的主产区的海拔高度还有继续上升的趋势。在茂县,无论是县里相关业务部门的干部还是种植花椒的农户都说:"土地下户前(1982、1983 年左右)大红袍花椒在河谷一带是最适宜的;以前的花椒是河坝的好,现在却是高半山的花椒好了。"

由于气候变化产生的水源问题同样给当地村民的农业生产带来了很大影响。由于水资源缺乏,加之近几年干旱的增加,农业生产的灌溉用水十分缺乏。据村长介绍:"由于连年干旱,地里缺水,玉米比原来提前十多天就干了,要提前收获,产量也下降了。"为了缓解农作物缺水的困难,在 1990 年左右,很多村民开始挖水窖,靠接天水(即雨水)来灌溉庄稼,但效果并不理想。

气候的变化同样也影响着纳普村农民的产业选择。当地村民的主要收入来源是花椒、辣椒。以前他们只是种一些荞麦、玉米等粮食作物,种植品种比较单一。现在已经开始大量种植花椒、辣椒等经济价值较高的农作物了,除此以外,他们还试种了李子,用地膜覆盖种植的方法引进大辣椒品种,发展种植核桃和板栗等,这些都取得了较好的效果,种植品种逐渐呈现多样化。这些引进的品种在当地都比较适宜生长,虽然村民表示在早以前没有引进新品种的意识,也不清楚这些新品种以前是否适于生长,但随着近十几年来气候条件的改变,似乎也印证了气候变化与农民主动引进更多农作物品种存在着一定的联系。

受资源环境的限制,不但种植业水资源矛盾的突出,在畜牧业方面也存在着一些问题。例如,在纳普村,几乎每家每户都要养猪。据当地村民介绍,养猪必须用熟食,这样可以不用饲料就把猪养肥,节省开支。而由于树木砍伐过度,导致水资源、木材资源都比较缺乏,煮猪食需要用掉大量水和薪柴,使得畜牧业生产和水资源、木柴资源缺乏的矛盾突出。有的村民说:"为了将猪食煮熟,做一次猪食至少要烧掉 30 斤柴,如果能利用太阳能先将凉水烧热,再烧柴来煮猪食,可以节省很多薪柴,但水又比较缺乏,不能供太阳能热水器用。"

(4)气候变化增加纳普村妇女生产生活的劳动强度

随着气候条件的变化,水资源和薪柴的获得变得更加困难。在纳普村,妇女负责打水、背柴以及洗衣、做饭等大部分日常家务劳动,打水、背柴的难度增加无疑加重了妇女的劳动负担,对妇女的身体健康带来很大的负面影响。例如,在村长家中,由于村长平时比较忙碌,大部分家务活都由村长妻子承担,她每天除洗衣、做饭、打扫、喂猪等外,到了冬天还要砍柴、背柴,劳动量很大。因此,妇女承受了生态环境破坏产生的直接影响,给该地区妇女的生产、生活带来了很大压力。

另一方面,保护与满足生产、生活需要的矛盾由妇女承担。随着村民保护意识的提高,对森林资源的保护力度有所加强,但同时,随着农民经济生活水平的提高,他们的生产、生活的需求也越来越高,保护与需求之间的矛盾变得越来越突出。而妇女是森林自然资源的直接利用者,满足的却是全家人的共同利益,她们需要直接面对保护的压力,甚至承担着违反保护规定的后果,从而会引发一些社会公平问题。

气候变化的社区应对

气候变化引起的上述一系列连锁反应使得纳普村社区更加注重森林资源的可持续利用和管理。过去,由于人们对森林等自然资源的乱砍滥伐和无序利用,使得生态环境破坏较为严重,干旱、雪灾、滑坡等自然灾害频繁发生,严重影响了村民的生产生活。生态环境恶化的生存现状给百姓带来很强烈的感受,村民们逐渐意识到了生态环境破坏带来的严重后果和保护森林资源对于改善气候和环境的重要作用,并通过各种方式保护他们赖以生存的生态环境,取得了一定进步。村民通过制订村规民约,限制砍伐区域,如今,大部分村民砍柴也都习惯不砍大树枝,以减少对森林的破坏。

纳普村社区积极调整农业生产活动应对气候变化,如,调整花椒品种,将花椒种在海拔较高、更适合的区域。煮猪食是薪柴消耗量大的生产活动,在外部力量的支持下,当地村民利用太阳能等替代能源减少对薪柴的消耗。村民也积极发展其他产业,拓宽收入渠道,减少对森林的依赖,实现对森林的保护。

此外,利用传统文化对自然资源进行保护成为纳普村公共文化活动的重要组成部分。为了满足生产、生活的需求,村民不断大量砍伐树木,忽视了生态环境的保护。乱砍滥伐导致森林资源的破坏和过度利用,纳普村遭受水资源不断减少、水质变差、气候条件也不比从前的境遇。现在全村1800公顷的集体林大部分都是被砍伐过后补种的人工林,水土的保持能力已经不能和林地承包前相比,生存条件不断恶化。为了恢复赖以生存的环境,1998年,纳普村恢复了神山、神树的地位,每年都会举行保护神山、神树的仪式,希望通过祭祀等活动,为神山祈祷来保护山林,神山上要插上祭祀用的旗子。这些活动、仪式作为羌族人独有的"释比文化"流传下来,当地人也十分信奉这种保护神山、神树的方式,没有人会轻易违背这种信仰,神山祭祀的方式对村民也有较强的约束力,即使是年轻人,只要受过长辈们的教育,也一样会遵守规矩的。这种羌族自然崇拜的传统也促进了当地森林资源的保护,在应对气候变化的长期过程中发挥了作用。

评论

甘庭宇(四川省社会科学院农村发展研究所研究员 副所长)

从宏观尺度看,气候变化是一个客观必然的趋势,单凭社区之力是无法改变的,只能将其作为一个大背景来逐步适应,积极地应对。因此,社区有必要做好积极应对措施,以适应不断变化的气候:首先是积极地改变自然资源利用方式,如对砍树及其他破坏生态的人为活动加以约束,避免因气候变化带来洪水、泥石流等地质灾害,降低灾害风险;其次是针对气候变化进行生产结构调整方面的变化,以此降低农业生产的风险;最后是充分挖掘当地传统知识和文化,建立相应的村规民约和制度,加强村集体的行动力,强化文化和道德的约束力量。

陈明红(四川省社会科学院农村发展研究所副研究员 副所长)

社区通过自己最地道的生产、生活方式反映了气候变化的结果,这拓展了社区保护的内涵。一般谈到社区保护都是在一个社区范围内,由社区自发、自愿或在外部鼓励和支持下开展生态保护行动,从而增强社区所在区域的生态系统服务功能。而气候变化是跨区域,甚至是跨越国家的,没有明确边界,任何个体都无法摆脱其影响。而纳普村的例子展现了社区保护在面对气候变化这样大的问题上的积极一面,通过调整生产、重树文化信仰,与大自然和谐相处,本身就是社区保护理念的升华。

案例十三　"引水思源"[①]

缘起

　　干旱——世纪难题,人类生存的最大威胁之一。由于干旱而引起的缺水问题在中国屡见不鲜。2010 年,以云南省为主的中国西南地区出现了百年罕见的特大旱灾。众多农村社区相继出现了干旱缺水问题,云南省超过 740 万人、450 万头牲畜受到旱灾影响,饮水困难,85% 以上的粮食播种面积严重缺水,造成了大面积减产,人畜饮水问题已成为中国西南地区长期面对的难题。关于干旱的原因,诸多共识认为是由于气候变化使得大气结构破坏,导致海洋季风无法登陆形成降雨。

　　在旱灾面前,自然保护区的森林生态系统服务功能的价值就体现出来。由于保护区内森林生态系统较为完整,水源涵养能力较强,水质清洁,水量充沛。干旱时期,这在云南省很多地区形成了"自然保护区水源充盈,而周边社区干旱缺水"的鲜明对比。在气候变化已成事实的今天,森林和水的保护成为应对变化的主要方式。为此,山水自然保护中心分别在云南省高黎贡山自然保护区、云龙天池自然保护区和黄连山自然保护区周边的三个社区发起了"引水思源"项目。通过"引水"工程将保护区的水源引入干旱的社区,在解决社区水污染、缺水等饮水安全问题的同时,倡导"思源"的社区保护行动,通过保护区与社区共管水源林提高社区参与保护的意愿和能力。

　　[①] 史湘莹,周嘉鼎,刘小虎,李小龙,山水自然保护中心,项目报告《"引水思源"——社区生态保护应对气候变化与水资源保护》。

关于饮水安全的法律依据

中国农村人口占全国总人口的56%,其中饮用水不安全人口超过3亿。农村主要使用分散式水源。中国法律制度较多关注城市集中饮用水源,对于农村饮用水源保护的规定相对较少。《中华人民共和国环境保护法》第20条规定:"各级人民政府应当加强对农业环境的保护,防治土壤污染、土地沙化、盐渍化、贫瘠化、沼泽化、地面沉降和防治植被破坏、水土流失、水源枯竭、种源灭绝以及其他生态失调现象的发生和发展,推广植物病虫害的综合防治,合理利用化肥、农药及植物生长激素。"但是对于农村水源枯竭如何治理,缺乏具体的管理措施。在《中华人民共和国水法》中第33条规定,"国家建立饮用水水源保护区制度。省、自治区、直辖市人民政府应当划定饮用水水源保护区,并采取措施,防止水源枯竭和水体污染,保证城乡居民饮用水安全。"城市的饮用水水源还受到较大关注,但是乡村为分散式饮水水源,大部分地区连本地信息都很匮乏。在《饮用水水源保护污染防治管理规定》中明确禁止在饮用水源保护区内从事种植活动,放养禽畜,严格控制网箱养殖活动。但这些规定发挥作用的前提是在特定区域划定饮用水源保护区,然而许多地区集中式城市饮用水源仍未划定保护区,农村饮用水源地更是没有划定保护区。农村水源污染的问题较多,对于水源枯竭的问题关注就更少了。

气候、森林和水的关系

近年频繁上演的旱灾为水资源和水环境保护工作敲响了警钟,中国目前仍有数以亿计的人的饮水安全受到威胁(主要为农村人口)。随着气候变化、旱灾加剧,这一数字仍会上升。气候变化已是不争的事实,而森林被认为是应对气候变化的有效载体。

森林与气候变化之间存在着密切的关系,而气候的变化将不可避免地对森林产生一定程度的影响。森林除了能够消减大气中日益增加的二氧化碳,还可以维持物种多样性、调节降水分配、涵养水源以及提供丰富的林产品等。

森林涵养水源和调节径流的功能对水资源的利用和保护起着关键的作用。据相关研究,森林生态系统林冠截留占降水的10%~40%,其余降水穿过林冠后进入林下,再被林冠下灌丛和杂草的截留涵蓄并渗入枯枝落叶层,森林凋落物有很强的持水能力,一般吸持的水量可达自身干重的2~4倍。天然降水流过枯枝落叶层向下渗入土壤层,森林土壤是巨大的天然水库,蓄水量巨大。天然降水落到森林里经过林冠、林下植被截留和枯枝落叶涵蓄,才会慢慢渗入土壤层,所以林内一般不会出现地表径流,或者只有2%的轻微径流。当降水量变大时,土壤层的水会缓慢地沿基岩表层潜流,渗入岩石缝隙,以泉水形式流出,汇入河流或渗入更深的地层,补充地下水源。就是说,森林可以将短期内的天然降水截留涵蓄,渗入土壤层和岩层,既避免发生地表径流,又会缓慢而持续地以泉水形式补充河水流量。

另外,森林在相当程度上能增加水平降水。因为森林可以吸收深层土壤水分供林木蒸腾消耗,给大气输送大量水分。这些气态水一部分随大气运动游离出森林系统之外,另外相当大的一部分反馈于林区及附近地区,森林上空湿度大,温度低,成为一个冷却的下垫面,有利于成云致雨,增加降水。但关于森林对垂直降水的影响的认识存在较大的分歧,森林对径流量的影响研究也存在着很大的争论,这主要由于研究方法的局限性、森林本身的复杂性以及区域差异的不可比性造成的。但中国的森林水文研究结论偏向于森林植被的存在会减少年径流量。

森林对枯水径流的调节作用的相关研究表明,枯水径流取决于林地蒸散发与土壤入渗率的综合作用。比如在湿热带地区,植树造林的截留涵蓄作用往往使土壤入渗率增加,枯水径流增加;森林砍伐如果对土壤扰动较小,蒸散发的削弱作用就会使枯水径流增加,反之则减少。

气候的变化影响着森林,包括对森林生产力、物种的组成、森林的分布和水分平衡等,而这些变化可能对气候变化产生一定的反馈作用。首先,森林作为大气中二氧化碳的源或汇,会加强或削弱全球变暖趋势;其次,森林结构和分布的变化也将改变地表原有的反射率和全球的水循环模式。所有这些将对气候变化产生影响,从而进一步影响到森林的结构和功能。

让小学生喝上放心水

桥头村隶属于云南省腾冲县界头乡,位于腾冲县北部高山、中山峡谷区,高黎贡山国家级自然保护区西坡的周边。桥头村雨量充沛,即使在2010年旱灾期间,也不存在干旱问题。然而,困扰桥头村的是饮用水水质问题。桥头村的水源地在保护区外,村民普遍就近上山饮水、打井取水或直接从河里取水。由于这些区域人为活动频繁,山泉、水井、河流疏于管理,水质堪忧。桥头村的饮水安全问题直接影响到了村民的身体健康。村里有一所小学,学生700余人,学生的饮水安全问题成为村民关注的焦点。学校的水源是从山上引下,而源头经过桥头村村民的耕地,由于在使用农药、化肥时,村民习惯于就近取水,而将残留的包装袋、包装瓶随处散落,污染了水源,导致小学饮用水水质受到威胁。此外,村民放牧也直接影响了水质。同时,由于耕地灌溉需要,耕地截流部分水源,导致小学饮用水水量也无法保证。

为此,山水自然保护中心与高黎贡山保护与研究协会合作在桥头村开展"引水思源"项目。桥头村距离保护区 8000 米,如果直接从保护区开展引水工程难度较大。经过校长和村干部调研发现,桥头村上游的五个寨子已经从高黎贡山保护区引水,桥头村可以从这些寨子里将水管接过来,这样距离短很多。经过协商,上游村寨同意了这个方案。

引水工程是桥头村民集体行动的过程。为了孩子的未来,村民通过开会集体讨论施工方案,组织起来拉水管、修蓄水池、修水龙头台子,一个由水管形成的"流域"很快完成了,桥头村小学的孩子们用上了安全放心的山泉水。虽然由于管线太长,有时候会发生漏水、断水的情况,需要与上游的五个寨子协商管线的管理办法,但水质和水量都得到了很好的保证。

"引水"的成功为进一步开展"思源"活动奠定了坚实基础。山水自然保护中心和高黎贡山保护与研究协会为小学开展了自然教育活动,得到了村民的大力支持。通过对村民水源保护意识的调查发现,66%的受访家庭饮用水由不同水源地引来;33%的受访家庭饮用水来自家里自打的水井;18%的受访村民认为饮用水水源不干净,其污染源依次是雨水、放牧和化粪池;76%的受访村民认为龙川江(村庄附近主要河流)受到了污染,但是仍有18%受访村民会把垃圾倾倒在河边;80%的受访村民对水源保护提出了意见,其中,30%的人认为保护植被、水源林是保护水源的重要措施。村民已经意识到饮用水来自于保护区森林,应该加以保护。

引水工程催生了后续的监管问题。由于引水管道较长,对保护区水源不了解,村民十分关心水质问题。为此,项目工作人员用水质工具箱做了水质测试,比较各个水源的水质情况。经检测,桥头村小学的水质好于多数自挖井水,甚至好于"云南山泉"生产的矿泉水。检测结果也发现,不少自挖井水水质较差,比河道水、田沟水,甚至阴沟水都差,这些饮用水质亟须改善。河道水水质较差,主要因为受到农村生活污水、垃圾倾倒、农业生产面源污染的影响,不能达到安全饮水标准。这为后续"饮水思源"项目找到了出发点——通过开展垃圾分类与处理从污染源方面解决水质问题。

保护水源林共渡饮水危机

云南省云龙天池由于地处海拔较高,降水较多,是天然的水源地,也是云龙县饮用水的重要保障。天池周边有大片的云南松原始林和次生林,保障了涵养水源能力,近10年来,云龙天池周边的植被因在保护区内得到了较好的恢复。然而,海拔2000米以下的植被破坏依然很严重,主要因为近年来周边社区大规模发展的泡核桃、麦地湾梨等产业,使森林遭到严重砍伐,尤其是水源林遭到破坏。

自2010年特大旱灾以来,面对严峻的干旱形势,保护区也在自发地为社区实施引水项目。例如,云龙天池保护区周边的天灯村遭遇到严重旱灾。加之,乡里在天灯村推广多年核桃种植,核桃已成为当地最重要的经济作物。被称为"金果果"的核桃是非常需水的作物,旱情给村里造成非常严重的损失。由于天灯村不在保护区内,山上都是集体林和个人林地,毁林种田的现象非常普遍,以往的水源都已枯竭。面对这种形势,保护区伸出援手,与村里共同筹资修建了引水管道,从保护区引水进村,解决了村民的燃眉之急。天灯村非常重视这来之不易的水源,定下规矩:每家每户都安装水表,每户每月50立方米以内的水免费,超过50立方米就要按照一定价格购买,所得水费用于水管设施的维护。云龙天池保护区的引水项目与"引水思源"有很多相似之处。保护区将区内水源开放给周边社区,帮助社区渡过难关,不但缓解了社区和保护区的矛盾,同时提升了村民对保护水源的意识。

基于引水项目的成功经验,山水自然保护中心与保护区合作在保护区内八子地村开展"引水思源"项目。八子地村位于云龙天池自然保护区内,已有120多年历史,平均海拔2200米,是少数几个由于历史原因没有搬迁而位于保护区腹地的村子。村民没有集体林地,只留有少数田地,人均仅1.3亩,仅能满足口粮。村民主要靠采集菌类、种植零散的核桃和少量畜牧业维持。

与天灯村不同,八子地村饮用水存在质量问题。云龙天池虽然是天然的水源地,但已划定为云龙县水源地,被隔离网严格保护,无法引水入村。村旁的河流由于被牲畜粪便污染无法达到饮用标准。目前的饮水靠从山上水源处接管道引水,条件十分艰苦。近10年来,八子地村周边,特别是南部的植被在保护区内得到了较好的保护,南部森林里流出的山泉是河流的主要补给。八子地村老村长说:"这股水我们没有修水池和水管,但干旱的时候水也没有少来。""1972年的时候水少,因为后面的水冬瓜(一种涵养水源的植物)被砍了,保护区成立后,水冬瓜又长起来,现在水又多了。"从社区的感受来看,村背后的森林对水源涵养和降雨调配作用显著。然而这些水仍然无法满足村民的需要,尤其是在近几年连续干旱之后,村民的生产生活受到很大影响。这时,从保护区山上引来山泉就显得特别重要。

从保护区的角度讲,他们很希望和村子保持良好的关系。保护区的工作,一方面禁止盗猎盗伐,另一方面宣传森林防火。对于村子砍柴烧火的需求,保护区划出了一些圈子,允许村民在这些区域内适度砍伐,但是不能深入到更深的林子里。这些工作使村民受到一些限制,给保护区带来很大压力。保护区希望借"引水思源"项目,一方面解决村民的饮水问题,另一方面也可以改善与村民的关系,为保护区与村子的后续合作做铺垫。

项目开始后,山水自然保护中心和保护区投资,村民投工投劳,开始了引水工程建设。项目原计划修一座集中的蓄水池,把保护区深处较高海拔的山泉水引到这个蓄水池中,再用水管连到各家各户。但是八子地村住户非常散,经村民商量,结果是改成每户都修一个蓄水池,分别引水,这样蓄水效果较好,也便于管理。经过试验,最终设计的蓄水池容积为 4 立方米,符合实际需要。

引水思源的项目设计很受欢迎,项目验收的时候,项目工作人员也受到村民们非常热情的接待。该项目的实施使村民意识到水是从保护区森林中来的,这些森林具有涵养社区水源的功能,是绝不允许破坏的。在保护区的宣传和管理下,村民由开始的服从政府的态度,转变为能够理解保护区让社区减少使用森林资源的规定。然而,让村民进一步了解保护区森林的生态系统服务功能,仍需要更多时间的工作,这也为"引水思源"项目进一步开展"思源"活动指明了方向。

对于八子地村,"思源"主要体现在对保护区水源林的保护。由于八子地村在保护区内而没有集体林,也就没有集体的水源林,保护区的国有林为社区提供了供水的功能,使得社区和保护区水源林建立了切身的利益关系,增强了社区参与保护水源林的积极性。而就八子地村的周边林地而言,由于质量不高,是村民使用薪柴的唯一来源,没有进一步改造成水源林的空间。为了更进一步推动水源林的保护,保护区与社区签订了《八子地村社区水源林地保护共管协议》,约定了双方管护水源林的权利和义务,并制订了巡护和监测计划。社区与保护区通过共同参与国有林的管护,建立了紧密的合作关系。双方通过协议合作进一步加深了相互理解,缓解了长期存在的保护区与社区之间的矛盾关系。

"引水思源"项目进一步探索了在林地退化的地方恢复水源林的方法,但恢复水源林仍然面临不小的挑战。例如,在天灯村,水源林已经完全退化,而恢复水源林则需要种植相应树种,这就要求短期内社区需要投入大量精力管护该林地,同时承诺不能砍伐林木。而水源林真正发挥功能则是十分长远的事情,这对于社区而言是不小的挑战。尤其是地处贫困地区的社区,眼下需要争取更多的时间和机会增加收入。

由此可见,短时间内在社区水源地实施水源林恢复是比较困难的,折中的措施只有寻找不占用土地的做法或者与社区经济利益挂钩的方法。"引水思源"项目将尝试两种方案开展对社区的水源林恢复:第一种方案是针对这个地方百姓喜爱种核桃的特点,利用核桃树下的土地,种植一些保持水土、改善土质同时又能增收的混林农业。村民对此十分欢迎,并希望种植重楼、白芨等价值较高的中药材。第二种方案是在靠近水源和溪流的地方零散地种植保持水土的树种,一方面防止水土流失,另一方面也可以涵养水源。

云龙天池的"引水思源"项目正在寻找新的突破口,在圆满实现"引水"的基础上,进一步推进社区开展"思源"行动,以期为社区恢复更多的水源林。

XXX 社区水源林地保护共管协议[①]

甲方:云南 XXX 国家级自然保护区

乙方:XXX 乡 XXX 村委会 XXX 村民小组

由于我县自 2010 年以来连年发生大旱灾害,保护区周边部分村寨水源枯竭,造成了人畜饮水困难,为合理利用保护区水资源,最大限度满足社区群众生活需要,实现水资源保护和利用协调统一的管理目标,建立和谐的社区群众关系。促进生物多样性保护,云南 XXX 国家级自然保护区管理局与 XXX 乡 XXX 村委会 XXX 村民小组经过充分协商,在群众自觉自愿支持参与保护管理工作的情况下,签订本协议。

一、甲方的权利和义务

1. 积极争取各级党委、政府和各部门支持,获得相关政策支持;

2. 积极通过各种渠道争取项目,依靠社区项目来改变社区落后的生产和生活方式,带动社区的经济发展,减少对保护区资源的依赖;

3. 向乙方宣传自然保护区的相关政策,特别是水源林保护的相关政策;

[①] 资料来源:史湘莹,周嘉鼎,刘小虎,李小龙,山水自然保护中心项目报告《"引水思源"——社区生态保护应对气候变化与水资源保护》。

4. 积极引导社区群众,改变落后的生产生活方式,鼓励社区群众运用沼气池、节柴灶、太阳能热水器等节能器具,减少薪柴的使用量。

二、乙方的权利和义务

1. 遵守保护区管理规定,积极参与到自然资源保护工作中,维护自然保护区及社区生态环境;2. 积极向群众宣传水源林保护的重要性,为水源林保护与恢复提供更好的发展空间,禁止一切破坏水源林的行为(如林下种植、毁林造林、种植树、开荒、挖药、剥树皮、采树脂等);

3. 社区群众可以在林区收集林下产品(菌类等)但不能以任何形式砍伐活立木及其他 生产活动;

4. 积极协调保护区工作人员,落实森林防火责任制,认真做好防火宣传工作,组织防火期兼职扑火队;

5. 协助保护区工作人员,开展日常巡护监测;

6. 社区村民应互相监督。如有违反以上要求的,停止整个社区在保护区方面内的饮水供给。

本协议一式三份,保护区和社区各执一份,XXX村委会存一份。

甲方:(签章)

乙方:(签章)

20XX 年 X 月 X 日

哈尼族的饮水危机

生活在黄连山自然保护区的世代哈尼族人的传统宗教和习俗对哈尼群众的日常生产、生活有很大的影响,包括对农业、林业和森林管理与保护等内容都有极其牢固的民族传统观念和继承意识。一部分森林如水源林(寨子两边和后山坡上的树林、涧沟边的树林)、神山、风景林等受传统哈尼文化的影响得以保存,但是纵观保护区成立后森林的变化情况,哈尼族对森林的破坏还是很严重,水源林和风景林都在向次生林演化,林下植被单一,阳性树种增多,外来物种增多。伴随着人口的增长和对野生植物资源的愈发依赖,保护区内的森林资源很大程度上也被村民利用。通过传统文化将哈尼族与自然和谐共存的典范延续下去,是保障森林和水资源以及应对气候变化的有效策略。

阿松村民小组位于黄连山自然保护区实验区内。该地区的地形结构如下:山顶为森林,即水源林;森林以下为村庄,大部分人口集中在这个区域;村庄以下为梯田,提供了村民生活所需要的稻谷以及肉类,是村民主要的糖类及蛋白质来源;梯田一直延伸到河谷,河谷下是河流。在这个地形结构下,水是当地居民生存的重要条件。

该地区的地表径流很有特点。水从山顶的水源林顺流而下,分成两部分:一部分沿山体而下,直接流入河谷,沿途为山地生态系统提供水源,并进行下一次的水循环;另一部分经水渠流入山腰村庄,为居民提供生活用水。这部分水经村庄利用后排入下游梯田,成为梯田灌溉用水。经过梯田的利用以及净化后的水亦排入河谷,同样进行下一次的水循环。从水循环过程中可以看出,山顶的水源林是整个径流过程中非常重要的环节。阿松村民小组由于距水源较远和经济困难等原因,一直未能解决饮水问题。

"引水思源"项目一方面在于引水,另一方面在于思源。在引水方面,首先,要保证村民饮用的水是洁净的,是源头水;其次,要保证水量供应是均匀的,不因雨季或旱季影响水量供应;最后,要保证水量在农户中分配均匀。为此,山水自然保护中心在当地村民的协助下,建设了引水管道、蓄水池、分水池。引水管道将水源地的水直接引到蓄水池中,保证村民饮用的是洁净的源头水;蓄水池起水贮存及水量调节的作用,保证雨季贮存水,旱季不至于缺水;分水池中的水由蓄水池从管道引入,再通过四根管道(三根再使用)分引到农户家中。

分水池位于村后的小径旁,上端是水输入管道,连接蓄水池;下端是四条水输出管道。四条输出管道中一条因村民数量少暂时关闭,另外三条源源不断地输出,为村民提供洁净的生活用水。

分水池再往上一段距离后,是蓄水池。蓄水池是一个巨大的圆形水泥建筑,上方的输入水管连接山顶森林水源地,下端的输出水管连接分水池。保护区原计划在蓄水池安装一个水表,以监测水量变化,但由于购买的水表出现质量问题,该计划暂时搁置,待返修水表后重新启动。

水源地距离蓄水池较远,位于热带山地雨林中。这里有比较完整的森林生态系统,有各种高大的常绿阔叶乔木,有沿这些乔木生长的藤本植物,有乔木下低矮的灌木,灌木下是稀疏的草本植物,草本植物下面是各种枯枝败叶形成的腐殖质层。这样完善的热带雨林系统是坚强又脆弱的矛盾综合体:坚强之处在于,在一定的破坏限度内,它有极强的自我生态修复功能;脆弱之处在于,一旦破坏超过这个限度,它便很难进行自我生态修复,破坏所导致的恶性循环很难得到遏制,进一步影响森林中的动物群落。所幸这一带的森林处于黄连山自然保护区内,又是村民赖以生存的水源林,保护工作做得较好。

一个长满芭蕉树的小谷地中,一股水量并不大的清流汩汩流出,这股并不起眼的水流便是村民赖以生存的水源地。水源地修建了水池,蓄水池的输水管道便从这里将水源源不断地输入,多余的水沿山体而下,直接流入河谷,沿途为山地生态系统提供水源,并进行下一次的水循环。正是这浅浅的一汪水滋养了村民,也滋养了梯田中的作物。

在思源方面,黄连山自然保护区与保护区内的阿松村民小组签订了协议书。协议中规定保护区的主要责任是引水工程建设所需材料及保护法律法规的宣传;村民小组的主要责任是引水工程的建设、管理,并保护水源林。协议为项目的持续推进提供了依据。

小结

"引水思源"项目为社区保护带来了全新的项目设计理念。该项目不但利用保护区森林生态系统服务功能的优势,解决社区紧迫的饮水安全问题,而且一改保护区与社区对立的角色设定,在平衡保护区与社区关系方面建立了良好的示范。

首先,在面临旱灾的紧急情况下,保护区利用自身的资源优势——涵养水源的森林生态系统服务功能,将保护区内水资源开放给社区,帮助社区摆脱饮水安全困境,在关键时期帮助周边社区改善紧迫的民生问题。

其次,"吃水不忘挖井人",除了"引水"工程,"思源"行动在文中三个社区得到了很好体现,而社区共管的工作方法在保护区与社区之间深度合作过程中得到了提升。

再次,保护区与社区保护水源林的共同目标通过建立契约关系固定下来,建立了长久的合作与互助关系,最终形成了保护区与社区共同应对气候变化的新策略。

最后,保护区和社区通过"引水思源"项目建立了联系。保护区对社区的开放,鼓励、引导社区参与保护区的水源林的管理,使得保护区和社区的关系、水源林的保护更加有持续性。

评论

史湘莹、李小龙(山水自然保护中心澜沧江保护项目团队)

"引水思源"二期项目的三个社区地处保护区周边或保护区内,对森林资源的依赖程度各异,但是弄清气候变化—森林—水三者之间的关系,是社区应对气候变化的突破口。在未来的发展方向上,保护区内的社区可以发展林下产业,为单一产业的保护区居民谋求发展,同时也保护了森林资源;或者改变能源利用方式,发展太阳能,修建水池以对水源地的泉水进行合理地调配和利用;同时,合理的林业规划能对社区周边的地表径流、水土流失起到很好的调节和预防作用,应该避免在低产林改造中种植单一经济作物;利用传统文化延续与自然共存法则的哈尼族人也为如何缓解干旱的影响提供了借鉴。

云南的干旱有人说是因为气候变化,有人说是因为严重毁林导致的生态恶化,有人说是因为大坝影响了微气候,众说纷纭,没有定论。但是无论这几年的干旱是不是因为气候变化,加强用水保障都能提高公众的适应气候变化的能力。越来越频繁的干旱或者集中强降雨随时撩拨着社区生态适应力这根敏感神经。这时,水源点稳定清洁的水供应就是最宝贵的资源。

三个项目点虽小,但是可以折射一些普遍问题。干旱考验了云南的生态弹性,暴露出很多脆弱的地方。作为一个做生态保护而不是纯做扶贫和社区发展的机构,山水自然保护中心的关心点还是在于当地的生态恶化导致水源枯竭这个根本问题。如果每当水源枯竭就向后退,向更高处的水源引水,最终都会退到保护区里面。

"引水思源"项目可以直接使村民受益,是森林生态系统服务功能的直接体现。这一点,是项目最具诱惑力也最受欢迎的地方,与一般的保护项目限制社区使用自然资源相反,这个项目是把本来不属于社区的水资源拿出来无偿提供给了村子。这个宝贵的水源,在雨季和风调雨顺的年份还没有凸显,但是在干旱的时节里就显得尤为重要。

水供应不仅需要防范工厂的点源污染和农田的面源污染,也要防范水量的不足与枯竭,这就牵涉到水源集水区的生态功能是否正常。现有的对于饮水水源地的规定集中于水源地的污染问题,对于生态方面的保护少之又少。

社区保护的脉络

要防止水源枯竭，就要保证有一定的生态良好的集水面。在农村，勘察水源的种类、检测水质情况、划定合理的水源保护范围并以合法或者社区协定的方式建立水源保护区是当务之急。这个保护区涉及水文调查与鉴定、污染控制与防护、生态保护与恢复，所以需要水利、环保、林业部门多方合力，与社区共同解决好农村分散式水源的保护问题。

未来的引水思源项目，可以做得更好、更扎实。首先，在引水工程方面，能够在前期水质、水量与适应气候变化的弹性方面做好科学本底调查，并完善硬件施工的技术标准和后续管理维护措施，避免项目效益昙花一现。其次，在思源工作上，应充分强调社区的水源林保护责任，加强环境教育宣传与影像传播，提高受益社区乃至公众对于生态系统提供的服务的了解和保护意识。第三，在社区保护和政策层面，能推动对气候变化适应能力的重视，注意落实水源林保护小区的划分、隔离与管护工作，并与社区共同商量、管理好自己的水源。

何兵（山水自然保护中心项目协调员）

引水思源是一个"引水"的工程救灾项目，项目的实施有效地化解了遭受持续严重旱灾的百姓的燃眉之急。在这个案例中，值得深思并可供借鉴的关键点在于：生态系统的服务价值是在未来不可测的气候变化中，我们得以应对的最终依靠。

近年来，每年发生在中国西南的持续旱灾以前所未有的态势对生活在这里的人、生态系统、生物多样性造成猛烈冲击。灾害面前人人平等，当这片养育一方百姓的土地在灾害中失去应有的抵御能力的时候，我们没办法用科学技术的手段去应对，没有人能够逃离灾害的影响。灾害让人们深思，我们曾经做错了什么？砍伐森林、破坏天然生态系统、种植人工林、截断河流等等，让云南这个被称为"多彩云南"、"动植物王国"的美好地方，变得满目疮痍，在灾害面前不堪一击。

所幸，在保护区内得以幸存的天然植被中，在得到当地百姓守护的"风水林"中，仍然有汩汩清泉涌出，这成为人们抵御旱灾的唯一依靠。这一事件也深刻地体现出，森林生态系统能为人们提供的，不仅仅是可见的木材、林产品和其他资源，更是这些看似"免费"却在关键时刻不可替代的森林生态系统服务功能。

在国家的生态安全战略中，明确提出了以森林生态系统为主体的"黄土高原-川滇生态屏障"，以及以高寒草原草甸生态系统为主体的"青藏高原生态屏障"。生态屏障意味着，全国大部分人民，尤其是生活在东部下游地区的，在不可预计的气候变化背景下，在极端天气和自然灾害将以前所未有的频率发生（事实上已经发生）的情况下，能否有效应对，唯一的依靠就是这些生态系统提供的生态服务。因而生态屏障本身是否得到良好的保护，就成了应对气候变化和自然灾害的关键所在。

　　但由于生态屏障都位于中国西部经济落后地区,百姓生活贫困,迫于生计随时可能给这些生态屏障带来威胁。因此,建立一个完善的生态补偿机制,由下游享受生态服务的人提供资金和技术,帮助上游地区保护生态系统,维持生态服务价值,就成为当务之急。

思考篇

系统地思考社区保护

思考一　社区保护的行业秘密

作为一个广义的概念，社区保护既包含社区开展保护行动直接应对野生动植物所受到的威胁，也包括社区自身需要的自然资源的可持续利用和管理。显然，社区的生态保护与自然资源利用和管理并不完全重合，混淆这两者概念对于理解社区保护是致命的。社区保护甚至包含社区政治、经济、社会、文化、生态在内的诸多方面内容。保护和发展的目标始终是一个相互平衡的点，社区保护可以看做是一种增加保护和发展各自容忍度的基础上互相妥协的价值观。社区保护是一个外来视角的概念，在社区保护项目的操作过程中，至少被隔着三层纸，使它显得格外模糊而难以理解，既和生态环境保护、社会经济发展相联系，同时又十分苛刻地要求着周边的事物，需要各种规则、制度来支撑。这三层纸甚至让我们已经不能回答什么是社区保护或社区保护项目了。

第一层纸：对社区保护目标的理解

由于社区是处于复杂的变化过程中的有机体，很多社区保护项目给社区带来的结果往往无法预测。这使得我们反思，在实施社区保护项目时，我们的目标应该是什么？从外部干预力量而言，如果目标是保护，那么可以测量的指标是十分明确的。但社区保护项目中往往包含两个层面的指标：生物多样性与社会经济。不难理解这里所讲的即是保护和发展的目标，主流观点认为这两者目标是难以调和的。而社区保护本身就包含着这样的矛盾体，即使目前公认比较好的社区保护项目也仅能做到在社区开展保护行动，同时找到一个不干扰生态的社区经济发展方向。

这第一层纸是指社区很难做到通过发展经济来促进生物多样性指标的改善，因为实现两者目标的途径并不一致。不过社区能够另外配套保护行动，进而组成

"1+1"的模式开展社区保护项目。这种保护行动和社区发展的二元行动结构,始终是社区保护工作者难以解释的要害点。保护项目和发展项目的简单组合,导致社区往往认为这是两条线的问题,而从更深层而言,简单"1+1"式的社区保护项目难以调解保护项目和发展项目的目标,或者说难以建立可持续的有机联系。社区保护工作者不应迷恋于解释这样的关系。社区保护的难点在于:如果社区面对自然资源只是考虑如何合理地利用,事情就会变得很简单,即可通过组织社区合理地认清自然资源利用现状,而后合理规划能够利用的自然资源,对于有特定限制利用的情况,由外部力量给予生态补偿或新的发展机会。但生物多样性的保护面临着科学和系统的问题,并需要很多项目执行成本,在损失很多机会成本的前提下开展保护,农村社区在面临更为复杂的保护工作时项目开展仍然不易。因此,社区保护项目不应该单纯就一方面来说明成效。对于综合了生物多样性保护和社会经济两方面目标的社区,显然,通过社区保护项目本身是难以满足他们的要求的,这时需要联合更多的外部力量来形成跨项目之间的合作,因为对于社区而言,他们期待的目标是"大而全"的长期目标,这不是短期的社区保护项目可以承担的。

第二层纸:对社区保护行动的理解

就我们能够观察到的社区保护行动,主要是社区监测与巡护。前面已经对社区监测的效果给予了积极评价,无论是处于科研目的还是社区的生态保护意识。社区监测都是行之有效的保护行动。而对于社区巡护,在《脉络三》的"社区保护动力难题"一节中我们提到了三重动力的作用,基于道德文化、法律制度、经济利益三个方面社区巡护都在实践中得到了检验。社区巡护对于抵制盗伐、盗猎等破坏生态的行为具有反应迅速、制止有效、威慑作用长远等特点,在有生态价值的非保护区亦是行之有效的保护行动。社区能够开展的保护行动是十分明确的,且对保护而言具有十分积极的意义,然而对于社区保护行动的理解在不同的群体力量之间却存在很大的不同,这导致各方力量在行动上差异较大。

这第二层纸是指对社区保护行动的认识在保护行业存在太多不一致,其中主要是外部力量与社区理解的不一致。在外部力量看来,政策层面的主要关注是通过行政命令来约束社区的经营活动,通过生态补偿来弥补社区的机会成本,通过法律制度来惩罚社区的破坏行为。而社会组织在公益层面的主要关注是通过制订科学的保护目标来向社区提出针对性的保护行动需求,并通过积极的结果来获得项目的可持续性。而社区的理解则更加复杂:一是对保护行动项目化的理解,积极参与的原因是"项目"对社区往往意味着"收益"。二是由于社区多目标性,开展与社区生产生活不直接相关的保护行动意味着较高的机会成本,如果能够顺利开展,社区一定会找到其他渠道来弥补这个机会成本,甚至好的渠道能够促进社区积极地开展保护行动(这里的渠道即包含在社区保护的三重动力中)。

第三层纸：对社区保护地的理解

在涉及保护成效的讨论时,对于社区保护的理解往往要套用自然保护区的相关概念。即行业内往往套用自然保护区的体系去看待社区保护地,虽然一再强调社区保护地的人文属性,但很多保护项目在考核社区保护地的保护目标时,始终摆脱不了自然保护区苛刻的管理目标。

这第三层纸是指由于社区保护地的体系尚未完善,用行业内拥有立法的自然保护区的标准来衡量社区保护地。这使得人们过于关注社区严格的保护目标、保护行动计划、保护成效指标;而忽略了基于文化、基于生产生活习惯、基于社区自主自治的管理机制形成的传统保护文化、传统保护知识和经验、传统的社区和自然之间的关系。然而正是这些极具人文特色的社区保护才使得社区保护地相对于自然保护区更加灵活、有效和低成本地实现生物多样性保护和社区经济发展的多重目标。

因此,在行业内对社区保护地的理解,首先是承认其存在的意义和价值,尤其在操作社区保护项目过程中,充分挖掘社区基层的主观能动性是避免自上而下设计保护目标、保护任务的有效途径。其次是面对理性的社区,作为社区保护项目人员既不能过分夸大社区保护的适用性,也不能一味地满足社区需求。应当充分尊重社区需求,在保护目标和社区需求中寻找结合的机会,进行选点和可行性分析,避免先入为主和急功近利。有学者提出了"生态泡沫"的概念,即在社会组织开展的生态保护项目中,保护的投入被明显高估,现有保护项目的操作无形中抬高了保护的成本,投入产出不成正比。这都是在选点和进行可行性分析的过程中与社区没有形成良好互动的结果。

社区保护什么?

谈到社区保护,总有一些说不清道不明的内容。社会公众十分理解社区做保护是非常值得支持的事情,但社区保护的对象到底是什么? 据我们所观察到的,社

社区保护的脉络

区不仅仅是保护自然环境或是生态系统。显然对大多数社区保护的案例而言，社区保护是一个只有主体而缺乏客体的保护工作，以至于在很多社区的保护项目中，难以回答保护对象是什么。这种不确定性仍源于社区的多目标性，保护和发展目标不重合，也似乎呈现出社区保护是存在诸多悖论的事物，这恰恰说明社区保护工作的复杂性，开展社区保护工作是有条件的和充满个性化的。因此，保护对象的不确定丝毫不影响社区保护工作的实践。案例篇的社区保护案例故事逐一呈现了不同历史背景条件下，社区、政府、社会组织的不同选择，这些选择都最终促成了社区保护的方方面面。

正因为社区保护客体不明确，即保护对象不明确，业内学者提出了社区保护地的概念，将社区保护工作落实到明确的地块上，以强调其存在具体的保护对象。由于要求国家将足够财力和人力投入到每一块保护地是不现实的，社区保护地是能够作为有益、有效、可行且低成本的补充，在未来，甚至可以作为国家购买社区服务的途径。然而社区保护地面临最大的困难与挑战是获得法律的认可。在保护行业，社区保护地能够作为社区保护的有效载体和依托实现更大范围保护的保护对象，而这一保护对象的主体正是生产、生活在其中的社区。

思考二　精英在社区保护中的作用

不可否认,目前中国农村普遍是精英治理的社会,精英发挥着重要作用。继20世纪80年代家庭联产承包责任制实施以来,农村社区精英的地位和影响力变得越来越突出。精英的作用也多种多样,在政治、经济、社会三个方面均能产生不同类型的社区精英,这些不同类型的精英有一个共同的特点——个人能力在本社区十分突出,同时能够影响周围人群的意识和行为。因此,对社区而言,精英也是一把"双刃剑",精英自身的能力和意志甚至影响着整个社区的前进方向。此外,社区精英自身具有明显的特点、优势和问题。具体表现为以下三个方面:

社区精英的影响力

抛开(难于衡量的)内部道德和文化层面的分析,农村社区精英的理性有其必然性。作为个体,我们很容易看到,社区精英仍然有其"自私"的一面,他们在参与村中事务的过程中也会与普通村民一样考虑付出和收获。

从社区谈到精英是从集体谈到个人的具体化,社区的集体行为倾向受到精英的极大影响。精英以其自身的行为和意识影响带动社区其他人。精英被看做是"成功者"而受到社区其他人的效仿和追随;同时,凭借丰富的信息和敏锐的洞察力已然成为社区的风向标。因此,精英的个人理性往往也能上升到社区,成为社区"理性"的选择。

作为社区精英的重要力量,村组干部往往是以"代理人"的角色出现,是中国行政管理体制的延伸。在农业税取消前,村组干部是以"收税代理人"的角色出现的。近十多年来,在中国惠农政策的扶持下,村组干部往往是既得利益者,由于中国在农村建设投入量巨大,村组干部的权利也相应得到加强。

在社区保护的案例中,我们看到了不同社区精英在社区中所起到的作用,社区精英们考虑问题往往比社区其他人的考虑更为复杂和相对长远。精英们往往希望获得更多的项目资源和社会资本,希望通过与外界接触获得更多资源,因此,他们十分乐于与外界交流,这也是社区保护项目入驻社区时首先与社区精英接触的原因。对于外部力量而言,通过社区精英能够快速获得更多信息。

社区精英的信息权力

信息是人们做出决策和判断的依据,丰富而正确的信息能够形成正确客观的决策和判断;反之,缺乏信息、获得错误信息的人往往导致决策和判断的失败,不可避免地带来负面影响。

社区精英是社区的"消息灵通"者,社区的内外信息在精英这里汇聚、加工、传播,因此,他们"见多识广",信息的接触面大;而小农家庭信息渠道来源单一。这也是精英与社区其他人的最大区别。

拥有信息也是一种权力,即精英的信息垄断。因此,精英在理性的趋势下,加工信息,并倾向于有意无意地传播对自身有利的信息。垄断信息的精英在社区具有较为复杂的能量,尤其在分配项目资源、平衡势力关系方面发挥着重要作用。例如,社区保护项目要求建立社区巡护队,那么谁能参加巡护队、谁作为巡护队长等问题均受到精英的影响。精英背后所涉及的复杂人际关系是其社会资本,因此,精英的信息垄断有助于平衡社区关系,促进社区公平。但同时,信息权力的滥用又使得精英将信息垄断作为巩固自身权威、获得经济利益的手段。

社区精英劣绅化

之所以将社区精英单独来说,所谓"成也萧何,败也萧何",社区精英的复杂角色充斥在当今基层农村社区中。中国从乡绅治理到精英治理是一个令人深思的问题。

著名"三农"问题学者温铁军[①]曾在《中国经营报》的采访中说:"因为过去我们

---

① 温铁军,1951年5月生于北京,著名"三农"问题专家,管理学博士。现任中国人民大学农业与农村发展学院院长,教授,乡村建设中心主任,可持续发展高等研究院执行院长,中国农村经济与金融研究中心主任;兼任国务院学位委员会第六届学科评议组成员,环保部、商务部、国家林业局、北京市、福建省等省部级政策专家和中国农业经济学会副会长。

在农村的去组织化过程导致一个后果就是,单独承担国家安全责任的中央政府现在面对的是数亿小农户的高度分散,优惠政策要下到农村,只能通过精英。但过去那种耕读传家、服务乡里的良绅,今天很大程度上已经被劣绅驱逐了,也即基层精英劣绅化,劣绅化成为刁民化的前提;这种精英与政府投资相结合,就进一步增强了豪强大族的势力,破坏基层稳定。因此,综合性的农民合作社是再造农村基层自治组织的尝试。"①

温铁军的话道出了中国农村基层治理的现实问题。作为外部力量,社区保护项目总是需要经由社区精英而得以实施的,因此,社区保护项目的走向在很大程度上也受到社区精英的引导,很多决策甚至依靠精英的判断。

社区精英是"双刃剑"

作为"双刃剑",不能一概而论社区精英"自私"的一面,我们依然能够看到很多社区精英在努力推动社区进步。虽然社区精英存在诸多不利于社区发展的因素,然而社区精英的积极意义在当今社会也是得到广泛认可的。在中国农村社会,精英"带头人"的作用成为给社区带来活力的关键。

---

① 温铁军. 八次危机——中国的真实经验. 北京：东方出版社,2013 年.

思考三   社区保护的路径选择

社区保护的价值判断

行政体制保护和社区保护的二元结构至今仍在持续,对于保护行业的发展而言,两条腿走路的是有必要的,然而前社区保护的价值仍没有得到充分肯定和支持。面对日益突出的生态问题,当社区保护至少在以下几方面具有重要意义:

(1) 现有保护体制机制的补充和创新

社区保护是有别于自然保护区的民间保护体制,是在行政主导下的保护体制的有益补充。由于保护行动根植于社区,社区已经成为较成熟而有效的保护主体。在开展保护行动的过程中,社区能够根据自身的条件和特点灵活地制定符合当地的保护方式。社区保护将保护与社区的生产、生活有机地连接起来,形成了新的就地保护机制,成为有别于自然保护区的创新。

(2) 推动保护范围扩大

推进开展社区保护就是鼓励更多的社区在当地开展保护工作,尤其是很多社区所处区域同样有着较高的保护价值。因此,通过开展社区保护工作,加强社区保护地的建立,可以有效地增加野生动植物栖息地的保护面积,这将进一步扩大保护范围,使得更多有生态价值的区域得到保护。

(3) 科研价值的贡献

中国西南山地、青藏高原有很多生态问题都是未解之谜,而研究这些生态问题的一大障碍就是监测数据难以获得。这些有价值的数据都隐藏在社区保护地中,显然作为最为熟悉情况的当地社区,在数据的获得上具有得天独厚的优势。通过社区保护行动,实现外部科学力量和社区传统力量的有机结合,能够大大提高生态问题的研究效率,降低操作成本,从而加深社区对当地生态环境的认识。

（4）培养基层保护人才

社区保护工作的开展有助于社区内产生相对专业的保护人才。如果未来财政能够支持在社区设立生态管护公益岗位,社区保护的前期工作将能够与该政策迅速对接,形成高效的保护力量。因此,社区保护将在农村基层培养人才的方向、方式、方法上建立新的示范,提升社区开展保护工作的能力。

社区保护的成功要素

《案例篇》中的社区保护虽然不能运用一套完整的模式去说明,但我们发现,二者都是在社区和农牧民层面开展保护行动的故事,而且社区自身有动力开展这些行动,形成了有效的集体行动。社区自发开展保护行动的成功与以下积极因素是分不开的,同时,这些积极因素正是社区保护行动得以实现的关键。

（1）根植于文化中的保护意识

在青藏高原,最为显著的特点是牧民有不杀生的习惯,甚至自家的牦牛也很少出售、宰杀。更多的经济收入来源是放养牦牛的农副产品,如酥油、牛奶等。经年累月,牧民、牦牛与草原、野生动植物已融合成为一个生态系统,达到了某种平衡。基于此,当地牧民对于自然资源利用和处理与野生动植物的关系方面积累了丰富的实践经验和乡土知识,这些成果被根植于牧民的文化中,一代又一代地传承和发展,这才有了我们今天看到的如此强烈的社区保护意识。当看到有人为了利益盗猎时,他们会奋不顾身地去阻拦,而不会在意是否会因此产生收益。而在李子坝的案例中,我们看到的是另一种文化在间接地起作用——因为集体荣誉感,面对外来盗伐盗猎者的猖獗,侵占了本村的利益,李子坝村民自发地组织起来阻止外来者。显然,外村对本村资源的入侵触动了所有村民的敏感神经,因而激发了有效的社区保护行动。

（2）社区精英领导力的积极作用

在外来者眼中,社区精英不但在村内有威望,而且都能够通过外部资源进一步巩固自身权威。他们作为社区领导者有着共同的素质,对社区信息十分清楚、敏感,有较好的表达能力,能够自如地与外界交换意见,甚至影响外来干预力量的想法。社区精英能够通过自己的领导力安排着村中大大小小的事务,能够培养自己的管理、执行队伍,具有很好的管理能力,可以做到适当分工、分权,协调好村中更多的事情。例如,在措池的案例中,尕玛的号召力在全村得到了广泛认可,无论是社区内部的活动,还是外部的公益组织都需要通过尕玛的组织协调才能够得以实施。尤其在成立野牦牛巡护队后,工作计划、巡护活动的实施都需要通过尕玛来领导,否则,这些活动有可能无法实施。

(3) 自然资源依赖的两面性

农牧民对自然资源的依赖呈现两面性。主要表现在自然资源的地理位置分布,以及农牧民生产生活与自然资源的重合程度。农牧民就近利用自然资源的习惯会增加生态环境压力,过度利用自然资源会使得生态环境无法修复和农业生产不可持续。而农牧民与周边自然资源长期的相处也能形成一种共生方式。例如,青藏高原的牧民几乎全部依赖自然资源生活。正是这种长期性,使得牧民融入草原生态,与野生动植物建立了友好关系,也就具有较好持续性。(仍然无法预计的情况是,气候变化使得青藏高原脆弱的生态环境雪上加霜,草场退化、虫草资源量剧减等趋势明显,牧民的生产、生活将深受影响,未来向何处发展还尚未可知)。而在山区情况有所不同,逐路而居的习惯使得社区生产生活区域与山林资源分布产生一定的距离。这抬高了社区利用山林资源的机会成本,当社区找到替代生计时,会降低对山林资源的依赖;而如果这种替代生计也依赖于好的自然环境,如茶叶、蜂蜜等,社区会更有动力开展社区保护行动,形成良性循环。

(4) 利益相关者的有机融合

来自各方利益群体的作用十分重要,社区保护工作需要事关保护的各方力量的相互协调。例如,在措池村的案例中,三江源保护区管理局将巡护、监督的权利交给社区,给予正式授权,政府和社区之间有了更好的合作与分工,实现了有效的保护。在李子坝村和九顶山余大爷的案例中,村民举报堵住盗猎分子,上报保护区管理局、公安局等部门,得到了这些部门的快速响应;因此,在权利和责任的划分中,社区和政府的共管是支持社区有效开展保护行动的坚实保障。

社区保护地的建设框架

社区保护的路径是多种多样的,而作为目前最为成熟的路径即是建立社区保护地,国内外对于社区保护地已开展了很多研究,并提出了不同的建设框架。作为在社区保护地建设中积累较多经验的山水自然保护中心,在建立社区保护地方面提出了"五个明确"的建设框架:

(1) 明确的土地权属和保护对象

社区保护地首先需要明确的是在多大范围的地块上和在谁的地块上做保护。

需要进一步明确的是社区保护地的四至边界和地块产权归属,这是保证社区有权力在特定的地块上开展社区保护工作的基础。社区保护地建立在有一定生态保护价值的区域上,因此,在确定土地权属之前需要对地块进行生态保护价值评估。如果具有生态保护价值,那么需要明确的是保护对象,即是保护特定的物种,还是保护地块所属的生态系统。

(2) 明确的利益相关者的角色

为了能够让各方力量在社区保护地上顺利地开展工作,利益相关者需要有明确的角色定位。一般地,社区保护地的主要利益相关者有社区、政府、社会组织等:社区是社区保护地产权的拥有者和保护行动的实施者,作为社区保护地的主体,社区的需求和问题是否能够得到有效应对也是社区保护地能够有效运转的关键;政府往往是社区保护地的监管者,政府的权威意见是社区保护地建设的重要依据;社会组织是社区保护地的支持者,负责提供资金、技术、设备、能力建设、整合资源等,社会组织往往作为社区的推动者,因为带有自身的目标,因此通过有条件地提供上述资源来应对社区的需求和问题。

(3) 明确的社区保护行动

社区保护地的保护需要建立在科学的基础之上,因此,需要有明确产出的保护行动。在外部支持下,当社区保护地有明确的保护目标后,社区作为主体应该有十分清晰和可操作的保护行动;而作为社区保护地的保护属性而言,由社区开展监测和巡护活动是必要的,这里需要针对目标制定社区监测的内容和方案,部署巡护的线路和强度。而保护行动的衔接同样需要与利益相关方进行统一协调,以保证在社区保护地运行的各个阶段有相应的力量在发挥作用。社区保护行动虽然以社区为主体,但在保护行动方面需要外部支持的力度是最大的,尤其在监测方案制定、遇到威胁的处理方面需要强有力的科学技术和权威部门的支持。

(4) 明确的管理决策和激励机制

社区保护行动的安排需要社区内部的统一协调才能顺利开展。在社区保护地提出明确的目标后,社区内部需要有明确的管理决策体系来安排社区保护地的相关工作,例如,制定工作计划、人力资源配置、利益分配、监督、奖励和惩罚方式等。社区的管理决策机制要求社区集体在安排社区保护地工作时,能够通过内部有效的讨论、协商和决策方法,最终形成集体满意的决策结果。激励机制是社区保护持续性的重要保障,适当的奖励和惩罚能够有效提高社区各成员参与社区保护地工作的积极性。

(5) 明确的保护地成效评估

社区保护地一经建立便是一个长期而系统的工程。因此,评价社区保护地的建设成效则需要有明确的评估体系,并以此帮助社区改善社区保护工作。成效评估应该同时包含长期和短期的指标。从长期来看,则应该有明确的监测数据,以反映保护对象的情况是否有所改善;而短期的指标则应该有对保护行动执行的质量情况所进行的评价。针对社区保护地的具体情况,综合长期和短期指标来建立属于当地社区保护地的成效评价体系。

使用这样的建设框架首先需要明确的是,对于社区保护地的建立,其目标是生态环境的保护,而上述"五个明确"是保障社区保护地能够建立、保证社区的管理机制能够良好运行的必要条件。我们同样可以看到,这样的框架设计需要大力的外部支持,因为社区理性和社区保护的外部性问题,社区会因此损失一定的机会成本,因此,社区保护地建设的资金、技术保障主要需要由外界来承担,至少是部分的承担。而我们在案例中看到的较为松散社区保护行动并没有系统化地作为社区保护地建设来考虑,因而自发、自愿的成分较浓,机会成本问题也就可以较少地考虑啦。

对社区保护工作的建议

从案例中我们看到社区保护并不是千篇一律的,在不同的社区、不同的条件下充满了不确定性。但也正是这种不确定性造就了一次次成功的社区保护,形成一篇篇充满个性的案例。而这些不确定性所包含的内容即是《脉络篇》中提及的社区保护的主要研究内容,调动这些积极因素是促进社区开展有效保护行动的关键所在。为了挖掘或发挥社区已有保护模式的作用,作为外来力量,应首先建立起适合于当地的社区保护工作方法。为了充分调动上述积极因素,需要考虑到如下几方面内容:

(1) 管理对目标的预期

这是外部力量进入社区的前提,外部力量对于社区的诉求需要明确。社区保护工作人员应该有合理的目标预期,对外界而言,社区参与科研数据收集是必不可少的一步,通过培养社区监测人员,培养社区生态保护意识和兴趣,为科学研究提供基础数据。而融入社区,我们会发现,外来力量所带给社区的目标始终只能作为社区综合目标的一部分,而往往社区工作会执著于解决社区问题。这时,保护有可能已经不是最主要的目标,而实现社区的其他目标才能更好地为保护服务。

（2）直面社区需求

即使是单纯的保护工作，由于工作对象是灵活、复杂、多变的社区，因此，必须直面社区需求才能与社区实现良好的沟通和交流，才有可能建立互信，满足外部力量的需求。中国农村社区普遍面临公共事务缺失的问题。针对社区感兴趣的公共事务，开展与生计、环境相关的公共活动是介入社区的有效手段。客观正确地发现社区需求是开展社区保护项目的首要任务，而有没有能力直面社区需求是选点工作的关键，这时需要考虑与其他合作伙伴整合资源、共同面对社区需求。

（3）与政府部门保持紧密沟通和交流

政府部门是社区保护项目中最具权威的利益相关者，也是重要的合作伙伴，同时政府部门也是重要的资源拥有者，其多重身份能够对社区带来强有力的影响。同样地，为了保证决策更科学、资源投入更有效，政府部门也需要来自社会力量和社区的反馈，建立多方交流的协作机制，形成互相采纳意见的机制，使之成为推动社区保护工作的基础。

（4）社区陪伴

在很多情况下，社区问题是需要通过时间来解决的，而社区工作人员对社区的陪伴至关重要。陪伴工作不仅仅是建立信任。一个社区就是一个小社会，从融入到真正了解这个社会需要经历一段较长的时间。长期的陪伴有助于外部力量和社区建立共同的目标。尤其对于社区保护工作，保护的目标涉及人的行为意识的改变，因此，社会组织应避免急功近利，而需要通过耐心地磨合，使各利益相关方的目标取向一致。

后记

....

　　作为从事生态环境保护工作的行动者或研究者,每个人心中都有一种保护理念。因此,在本书中,社区保护更多的是作为一种理念表达出来,而不是一种成熟的、可以直接应用的理论或实践体系,甚至操作手册。社区保护所映射的不仅仅是保护本身,而是以生态保护为主要目标,扎根社区的实践和探索,其理论、方法都需要继续完善和实践。

　　案例总结作为社区保护研究的重要工作方式,是本书最为核心的部分;而关于社区保护脉络和思考的总结,也是基于案例研究的结果。因此,对案例的总结思考是没有止境的,形式也多种多样。本书中的十三篇案例从社区的各个角度阐述了围绕社区保护发生的事情,虽然以保护为主题,但不仅仅局限于保护。当保护工作在社区扎根时,我们再也不能避免讨论到社区的方方面面,甚至通过社区保护工作参与到社区其他方面的工作,因为社区内部的任何事情都充满着千丝万缕的联系,永远不能单纯地看待一个问题并解决一个问题。社区保护所面临的问题显然不是单方面的,需要更多方向、更多领域、更长期、更有持续性的社会力量的共同努力。